Java EE 项目式
实训教程

主　编 ◎ 田雪莲　吴国友

副主编 ◎ 李　理　熊　攀　倪　程

西南交通大学出版社
·成　都·

图书在版编目（C I P）数据

Java EE 项目式实训教程 / 田雪莲，吴国友主编. --
成都：西南交通大学出版社，2024.1
ISBN 978-7-5643-9702-9

Ⅰ. ①J… Ⅱ. ①田… ②吴… Ⅲ. ①JAVA 语言 – 程序
设计 – 教材 Ⅳ. ①TP312.8

中国国家版本馆 CIP 数据核字（2023）第 253968 号

Java EE Xiangmushi Shixun Jiaocheng
Java EE 项目式实训教程

主　编／田雪莲　吴国友　　　　责任编辑／黄淑文
　　　　　　　　　　　　　　　封面设计／原谋书装

西南交通大学出版社出版发行
（四川省成都市金牛区二环路北一段 111 号西南交通大学创新大厦 21 楼　610031）
发行部电话：028-87600564　　　028-87600533
网址：http://www.xnjdcbs.com
印刷：四川玖艺呈现印刷有限公司

成品尺寸　185 mm×260 mm
印张　9.5　　字数　208 千
版次　2024 年 1 月第 1 版
印次　2024 年 1 月第 1 次

书号　ISBN 978-7-5643-9702-9
定价　39.00 元

课件咨询电话：028-81435775
图书如有印装质量问题　本社负责退换
版权所有　盗版必究　举报电话：028-87600562

前　言

Java EE（Java Platform，Enterprise Edition）是 Sun 公司推出的企业级应用程序版本，通过多年的发展，已经成为市场上主流的企业级分布式应用平台的解决方案。它的可异构、可伸缩、高可用的特性为搭建企业系统提供了良好的机制。

本书以一个具体的软件开发项目为依托，将 Java EE 的相关知识贯穿其中，详细介绍了 Java EE 在实际开发中会遇到的各类问题，是理实一体化的具体实施方案。读者通过对本书的学习，能较快地掌握 Java EE 的知识点，快速掌握相关的开发能力。

全书共 11 个子项目，分为 3 部分，介绍从前端到后台实现软件项目的设计与开发。

第一部分包括项目 1 ~ 项目 4，通过 HbulderX 开发工具引入 LayUI 框架、VUE 框架、Echarts 工具库，完成登录页面、答题页面、推荐页面的编写。

第二部分包括项目 5 ~ 项目 6，通过 Navicat 工具完成 MySQL 数据库的创建、连接与导入；完成 Java EE 开发环境的搭建。

第三部分包括项目 7 ~ 项目 11，将 SpringBoot 项目的创建与数据库建立连接并完成配置；完成登录 API、注册 API、后台问题页面及其 API、后台问题分析页面及其 API、后台管理页面及其 API 编写。

本书是课程组老师多年教学经验的总结，全书由田雪莲、吴国友主编和统稿，李理、熊攀、倪程担任副主编，高燕、徐小飞参与编写。本书在编写过程中还得到了课程组多位老师的帮助和支持，在此一并感谢！

由于编者水平有限，书中难免存在疏漏及不足之处，恳请广大读者批评指正。

编　者

2023 年 12 月

目　录

项目 1 项目环境搭建

项目环境搭建

一、基本信息（见表 1.1.1）

表 1.1.1　基本信息

工单编号	01-01	工单名称	开发工具环境搭建	
建议学时	2	所属任务	开发工具安装	
环境要求			Win 10 系统	

二、工单介绍

（1）环境搭建，通过官网下载官方开发工具 HbuilderX 并安装；

（2）实现项目创建，注册账号并登录。

（3）使用浏览器作为调试工具，设置浏览器调试参数。

三、工单目标（见表 1.1.2）

表 1.1.2　工单目标

课程思政	思政元素	1. 通过介绍前端在当前软件开发中的意义，培养学生树立正确的世界观、人生观、价值观； 2. 通过实训室日常卫生打扫，培养学生职业素养
课程目标	能力目标	1. 通过参考工单完成 HbuilderX 的下载和安装，培养学生的动手能力； 2. 通过小组分享学习，培养学生团队协作能力； 3. 通过搜索引擎查阅相关资料，培养学生可持续性的终身学习能力
	技术目标	1. 能根据工单要求，完成 HbuilderX 软件的下载和安装； 2. 能熟练使用网络查找资源； 3. 能熟练下载网络资源
	知识目标	1. 掌握 HbuilderX 软件的安装与使用方法； 2. 掌握项目的创建步骤； 3. 掌握浏览器调试配置

四、执行步骤

（一）下载安装工具

（1）首先进入官方网站（https://www.dcloud.io/）下载调试工具 HBuilder X，如图 1.1.1 和图 1.1.2 所示。

图 1.1.1　环境选择

图 1.1.2　环境下载

（2）下载完成，则会看到安装包，右键解压，如图 1.1.3 所示，将 HBuilder X 工具提取到想要安装的目录下即可。这里推荐在 D 盘创建一个单独的文件夹 HBuilder，如图 1.1.4 所示。

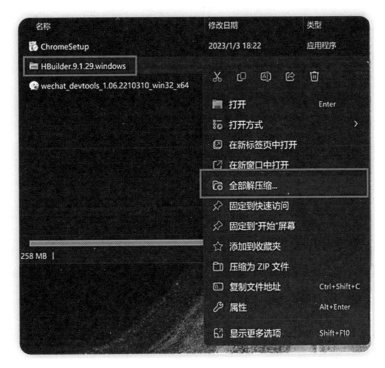

图 1.1.3　解压环境

图 1.1.4　解压环境

解压完成以后，可以在 D 盘根目录下找到安装包，进入并找到对应的 HBuilderX
图标，点击右键将其发送到桌面，如图 1.1.5 所示，此时 uniapp 官方工具就算安装完
成了。

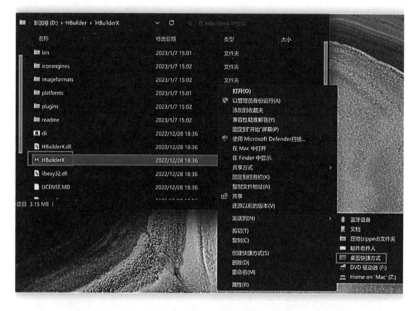

图 1.1.5　创建快捷方式

（二）创建项目

首先双击桌面图标打开 HBuilderX，如图 1.1.6 所示，点击左下角登录并注册账号，
方便后期各个平台的调试及插件的安装使用。

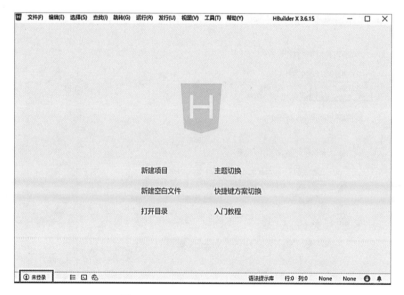

图 1.1.6　HBuilderX 页面展示

图 1.1.7   HBuilderX 登录界面

此时自行前往官方网站注册账号，如图 1.1.7 所示，注册成功以后登录即可，如图 1.1.8 所示。

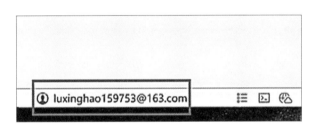

图 1.1.8   登录成功

登录成功以后，点击"文件"→"新建"→"项目"，填写相关的信息后，就可以开始编写普通项目了。点击"文件"→"新建"→"项目"，创建一个全新的项目，如图 1.1.9 所示。

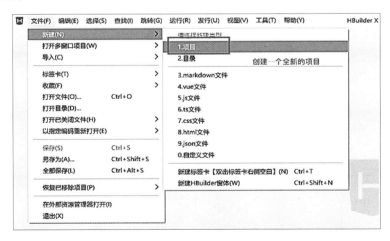

图 1.1.9   创建项目

这里选择普通项目模板并且基于基本 HTML 项目进行项目开发，如图 1.1.10 所示。

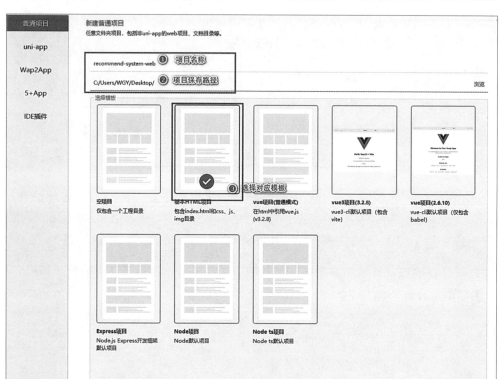

图 1.1.10　创建 HTML 项目

创建成功以后就能看到工程目录以及相关文件了，如图 1.1.11 所示。

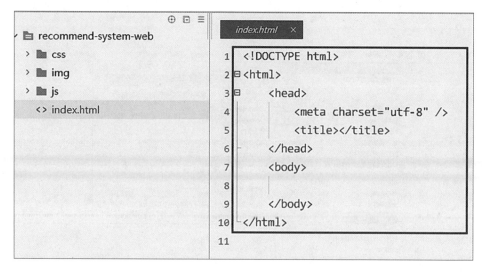

图 1.1.11　HTML 项目展示

接着开始调试，这里选择使用谷歌浏览器 Chrome 作为调试工具。修改 index.html 首页的内容，如图 1.1.12 所示。

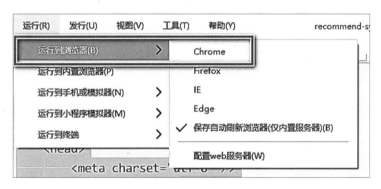

图 1.1.12　创建第一个页面

点击"运行"→"运行到浏览器"→"Chrome"，如图 1.1.13 所示。这里等待它自己编译，成功以后则会自动打开浏览器，如图 1.1.14 所示。

图 1.1.13　运行项目

图 1.1.14　页面展示

（三）设置调试浏览器

在浏览器操作界面上任意一个空白位置点击鼠标右键→"检查"，如图 1.1.15 所示，这里选择使用手机调试模式并且默认 iphone SE 为调试样机，如图 1.1.16 所示。到这里开发环境搭建就算完成了。

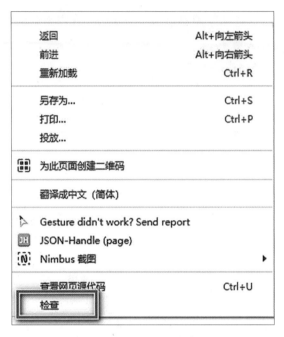

图 1.1.15　代码检查

图 1.1.16　iphone SE 调试模式

项目 2　登录页面编写

任务 1　项目登录页面搭建

项目登录页面搭建

一、基本信息（见表 2.1.1）

表 2.1.1　基本信息

工单编号	01-02	工单名称	项目登录页面搭建
建议学时	4	所属任务	基础页面
环境要求		Win 10 环境	

二、工单介绍

（1）创建项目并且了解项目目录构成，完成登录页面的编写。

（2）创建登录页面，了解并引入 layui 框架。

（3）完成表单中的布局与属性设定。

三、工单目标（见 2.1.2）

表 2.1.2　工单目标

课程思政	思政元素	1. 通过国内外行业软件比对，培养学生实事求是的态度； 2. 通过日常卫生打扫，培养学生职业素养
课程目标	能力目标	1. 通过小组协作互助，培养良好的团队合作能力； 2. 通过软件安装，培养良好的动手操作能力
	技术目标	能够根据工单要求，完成相应环境搭建
	知识目标	1. 掌握项目组成的基本概念； 2. 掌握全局样式配置的使用方法； 3. 掌握项目搭配浏览器调试的过程与方法

四、执行步骤

（一）创建登录页面，引入 layui 的 js、css

登录 layui 官网（https://www.ilayuis.com/），完成 layui 开源模块前端 UI 框架的下载。下载后解压导入项目中，如图 2.1.1 以及图 2.1.2 所示。

```
├─css //css 目录
│ │─modules //模块 css 目录（一般如果模块相对较大，我们会单独提取，如下：）
│ │ ├─laydate
│ │ └─layer
│ └─layui.css //核心样式文件
├─font //字体图标目录
└─layui.js //核心库
```

图 2.1.1　框架下载

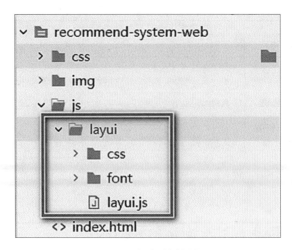

图 2.1.2　框架结构展示

完成框架的引入后，在项目根目录创建 login.html，如图 2.1.3 以及图 2.1.4 所示。

图 2.1.3　创建 HTML 文件

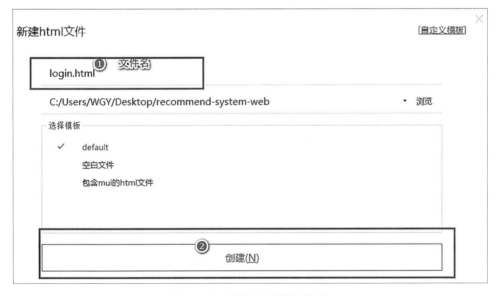

图 2.1.4　创建文件详细信息

在 login.html 登录页面中设置 meta，标签位于文档的头部，不包含任何内容。<meta>标签的属性定义了与文档相关联的名称/值对，如图 2.1.5 所示。

```
<meta name="viewport" content="width=device-width, initial-scale=1.0">
<meta http-equiv="X-UA-Compatible" content="ie=edge">
```

```
1   <!DOCTYPE html>
2 曰 <html>
3 曰   <head>
4           <meta charset="utf-8">
5           <title></title>
6       <meta name="viewport" content="width=device-width, initial-scale=1.0">
7       <meta http-equiv="X-UA-Compatible" content="ie=edge">
8       </head>
9       <body>
10      </body>
11  </html>
```

图 2.1.5　文件标签头

框架模块引入项目后,需要将 css 和 js 文件引入 html 中完整地放置到项目目录,如图 2.1.6 所示,这样在后续的代码中即可使用 layui 框架中完善的组件模块。

```
1   <!DOCTYPE html>
2 曰 <html>
3 曰   <head>
4           <meta charset="utf-8">
5           <title></title>
6           <meta name="viewport" content="width=device-width, initial-scale=1.0">
7           <meta http-equiv="X-UA-Compatible" content="ie=edge">
8
9           <link rel="stylesheet" href="./js/layui/css/layui.css">
10      </head>
11      <body>
12      </body>
13      <script src="./js/layui/layui.js"></script>
14  </html>
15
```

图 2.1.6　文件框架引用

 说明

可以通过第三方 CDN 方式引入:

UNPKG 和 CDNJS 均为第三方开源免费的 CDN,通过 NPM/GitHub 实时同步。另外还有 LayuiCDN。

UNPKG 引入示例如下:

```
<!-- 引入 layui.css -->
<link rel="stylesheet" href="//unpkg.com/layui@2.6.8/dist/css/
layui.css">
<!-- 引入 layui.js -->
<script src="//unpkg.com/layui@2.6.8/dist/layui.js">
```

（二）登录基础页面创建

打开项目的 login.html 文件，在 body 标签中，运用 form 表单完成登录中的数据收集与传输，具体代码如下：

```html
<body>
    <div class="layui-container  layui-row" style="top: 14%">
        <div   class="  layui-col-xs10   layui-col-xs-offset1
layui-col-sm4 layui-col-sm-offset4">
            <div class="layui-form login-form">
                <form class="layui-form">
                    <div class="layui-form-item logo-title">
                        <h3>测最适合你的大学专业-2023 成工职专业在线
测试(完整专业版)</h3>

                    </div>
                    <div class="layui-form-item">
                        <label   class="layui-icon   layui-icon-
username" for="phone"></label>
                        <input  type="text"  name="phone"  lay-
verify="account" placeholder="手机号登录" autocomplete="off"
                            class="layui-input" value="">
                    </div>
                    <div class="layui-form-item">
                        <label                class="layui-icon
layui-icon-password" for="password"></label>
                        <input  type="password"  name="password"
lay-verify="password" placeholder="登录密码"
                            autocomplete="off"      class="layui-
input" value="">
                    </div>
                    <div class="layui-form-item">
                        <button    class="layui-btn     layui-btn
layui-btn-normal layui-btn-fluid" lay-submit=""
                            type="submit" lay-filter="login">登入
                        </button>
                    </div>
                    <button   class="layui-btn   layui-btn-fluid
layui-bg-red" lay-submit="" lay-filter="register">注册
                    </button>
                </form>
            </div>
            <div style="text-align: center">
                <h4   style="color:   white;font-weight:  bold;
```

```
margin-top: 10px">你适合什么样的专业呢？</h4>
                <h4 style="color: white;font-weight: bold;margin- top:
10px">大学的专业是不是你心中所想的一样呢？</h4>
                <h4   style="color:  white;font-weight:  bold;
margin-top: 10px">只需一分钟即可得到答案！</h4>
        </div>
      </div>
    </div>
  </body>
```

相关 style 样式如下：

```
<style>
    html,
    body {
        width: 100%;
        height: 100%;
    }

    body {
        background: #1E9FFF;
    }

    .logo-title {
        text-align: center;
     letter-spacing: 2px;
    }

    .logo-title h3 {
        color: #1E9FFF;
        font-size: 18px;
        font-weight: bold;
    }

    .login-form {
        background-color: #fff;
        border: 1px solid #fff;
        border-radius: 3px;
        padding: 14px 20px;
        box-shadow: 0 0 8px #eeeeee;
    }

    .login-form .layui-form-item {
        position: relative;
    }
```

```
.login-form .layui-form-item label {
    position: absolute;
    left: 1px;
    top: 1px;
    width: 38px;
    line-height: 36px;
    text-align: center;
    color: #d2d2d2;
}

.login-form .layui-form-item input {
    padding-left: 36px;
}

.captcha-img img {
    height: 34px;
    border: 1px solid #e6e6e6;
    height: 36px;
    width: 100%;
}
</style>
```

样式完成后将项目运行到 Chorme 浏览器中，运行结果如图 2.1.7 所示。

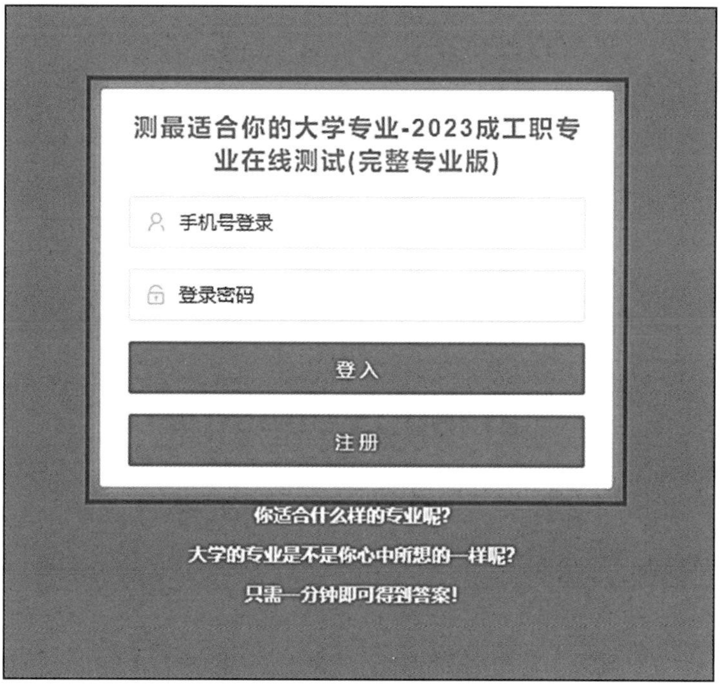

图 2.1.7　登录页面展示

为了让项目更加完整，在 title 标签中设置项目名称，效果如图 2.1.8 所示。

```
...
<title>测最适合你的大学专业-2023 成工职专业在线测试 (完整专业版)
</title>
...
```

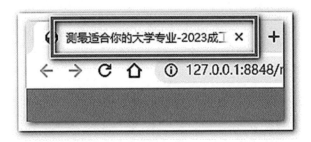

图 2.1.8　网页标签头

知识点

栅格的响应式能力，得益于 CSS3 媒体查询（Media Queries）的强力支持，从而可以针对四类不同尺寸的屏幕进行相应的适配处理，如表 2.1.3 所示。

表 2.1.3　屏幕配置表

	超小屏幕 （手机<768 px）	小屏幕 （平板≥768 px）	中等屏幕 （桌面≥992 px）	大型屏幕 （桌面≥1200 px）
.layui-container 的值	auto	750px	970px	1170px
标记	xs	sm	md	lg
列对应类 （ * 为 1-12 的 等分数值）	layui-col-xs*	layui-col-sm*	layui-col-md*	layui-col-lg*
总列数	12			
响应行为	始终按设定的 比例水平排列	在当前屏幕下水平排列，如果屏幕大小低于临界值则 堆叠排列		

输入框：
required：注册浏览器所规定的必填字段；
lay-verify：注册 form 模块需要验证的类型；
class="layui-input"：layui.css 提供的通用 CSS 类。

（三）完成登录点击跳转

创建一个在线测试的页面 questions.html，该页面主要用于答题分析，同时引入 js、css 相关文件供后续开发用，如图 2.1.9 所示。

```
1  <!DOCTYPE html>
2  <html>
3     <head>
4        <title>测最适合你的大学专业-2023成工职专业在线测试(完整专业版)</title>
5        <meta name="viewport" content="width=device-width, initial-scale=1.0">
6        <meta http-equiv="X-UA-Compatible" content="ie=edge">
7        <link rel="stylesheet" href="./js/layui/css/layui.css">
8     </head>
9
10    <script src="./js/layui/layui.js"></script>
11    <body>
12        <h1>问题测试页面</h1>
13    </body>
14  </html>
```

图 2.1.9　问题页面框架

测试页面创建好后，需要通过 layui 表单点击事件进行页面跳转，目前不引进网络接口完成逻辑，直接设置 window.location = './questions.html' 完成跳转即可，如图 2.1.10 所示。

```
49  <script>
50      layui.use(['form'], function () {
51              var form = layui.form;
52              // 进行登录操作
53              form.on('submit(login)', function (data) {
54                  window.location = './questions.html';
55                  return false;
56              });
57          });
58  </script>
```

图 2.1.10　问题页面跳转

五、参考资料

栅格系统与后台布局：https://www.ilayuis.com/doc/element/layout.html

表单 form 属性：https://www.ilayuis.com/doc/element/form.html

任务 1　答题页面搭建

答题页面搭建

一、基本信息（见表 3.1.1）

表 3.1.1　基本信息

工单编号	01-03	工单名称	答题页面搭建
建议学时	2	所属任务	基础页面
环境要求		Win 10 系统	

二、工单介绍

（1）运用导航栏、表单组件、card 完成答题页面编写，运用 vue 中知识点丰富页面答题内容。

（2）利用弹性布局完成 card 中模块布局。

三、工单目标（见表 3.1.2）

表 3.1.2　工单目标

课程思政	思政元素	1. 通过国内外行业软件比对，培养学生实事求是的态度； 2. 通过日常卫生打扫，培养学生职业素养
课程目标	能力目标	1. 通过小组协作互助，培养良好的团队合作能力； 2. 通过软件安装，培养良好的动手操作能力
	技术目标	能够根据工单要求，完成相应环境搭建
	知识目标	1. 掌握项目组成的基本概念； 2. 掌握全局样式配置的使用方法； 3. 掌握项目搭配浏览器调试的过程与方法

四、执行步骤

（一）使用 layui 框架导航栏完成头部组件编写

在新的 question.html 页面中，引入 layui 框架的 js、css 并完成 title 属性的配置，具体代码如下：

```
<html>
    <head>
        <meta charset="utf-8">
        <title>测最适合你的大学专业-2023 成工职专业在线测试(完整专业版)
</title>
        <meta name="viewport" content="width=device-width, initial-
scale=1.0">
        <meta http-equiv="X-UA-Compatible" content="ie=edge">
        <link rel="stylesheet" href="./js/layui/css/layui.css">
    </head>

    <script src="./js/layui/layui.js"></script>
...
```

完成引入后即可对导航进行编写，在 https://www.iconfont.cn/官网中输入"头像"，下载一个头像，如图 3.1.1 所示。

图 3.1.1　搜索头像矢量图标

找到喜欢的头像下载到本地并导入项目中的 img 文件夹中，如图 3.1.2 所示；将下载的图片更名为 avatar.png，如图 3.1.3 所示。

图 3.1.2　头像选择下载

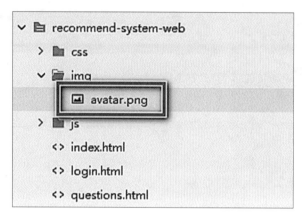

图 3.1.3　图像更名

在 body 标签中完成导航栏代码编写，效果如图 3.1.4 所示。

```html
<body>
    <div style="text-align: right;" id="nav_top">
        <ul class="layui-nav layui-bg-blue ">
            <li class="layui-nav-item">
                <a href="#" >测试结果</a>
            </li>
            <li class="layui-nav-item">
                <a href="#"><img src="img/avatar.png" class="layui-
nav-img">姓名</a>
                <dl class="layui-nav-child">
                    <dd>
                        <a href="#">修改信息</a>
                    </dd>
                    <dd>
                        <a href="#">安全管理</a>
                    </dd>
                    <dd>
                        <a href="#" >退了</a>
                    </dd>
                </dl>
            </li>
        </ul>
    </div>
</body>
```

```
<script>
//注意：导航 依赖 element 模块，否则无法进行功能性操作
layui.use('element', function(){
  var element = layui.element;
});
</script>
```

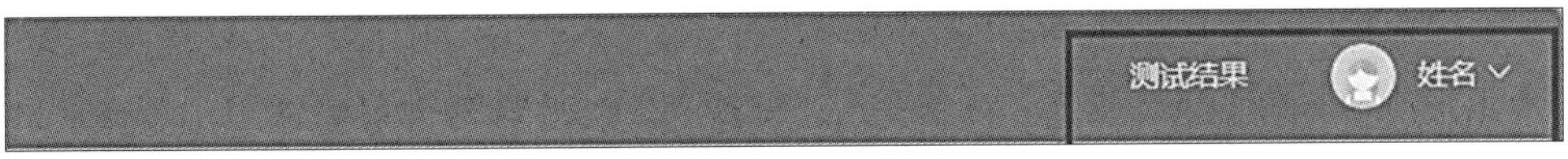

测试结果　姓名 ∨

图 3.1.4　导航框展示

 知识点

1. Iconfont 相关

Iconfont 是阿里妈妈 MUX 倾力打造的矢量图标管理、交流平台，这是一个专门为设计师和前端开发者打造的在线工具，目前已经成为很多 UI 设计师和前端开发者日常工作的必备工具。设计师将图标上传到 Iconfont，可以自定义下载多种格式的 icon，也可以将图标转换为字体，方便前端工程师自由调整与使用。

通过这个免费的工具，设计师不仅可以浏览下载大量优秀设计师的图标作品，还可以管理和展示自己设计的图标。

2. 导航相关

导航一般指页面引导性频道集合，多以菜单的形式呈现，可应用于头部和侧边，是整个网页画龙点睛般的存在。面包屑结构简单，支持自定义分隔符。千万不要忘了加载 *element* 模块。虽然大部分行为都是在加载完该模块后自动完成的，但一些交互操作，如呼出二级菜单等，必须借助 element 模块才能使用。水平导航支持的其他背景主题有：*layui-bg-cyan*（藏青）、*layui-bg-molv*（墨绿）、*layui-bg-blue*（艳蓝）。

（二）答题表单模块编写

完成导航头部栏后，就需要对中间答题区域部分进行代码编写，这部分需要用到 layui 中表单、card、radio、button 等组件。在使用的过程中，需要结合栅格系统完成响应式的布局。

```
<body>
...
...
```

```
        </div>
    <form class="layui-form">
            <div   id="questions"   class="layui-container   "
style="margin-top: 20px;margin-bottom: 20px;">
                <div class="layui-card shadow layui-card-body">
                    <div class="layui-form-item layui-row">
                        <label  style="text-align:  start;float:
left">1、我喜欢设计，希望能够运用自己的审美设计、布置家居，或者设计作品。
</label>

                        <div style="float: right">
                            <input type="radio" name="1" value="0"
title="是">
                            <input type="radio" name="1" value="1"
title="否">
                        </div>
                    </div>
                </div>
            </div>
            <div class="layui-form-item layui-row">
                <button type="submit"
                    class="layui-btn layui-col-xs4 layui-col-
xs-offset4 layui-col-sm4 layui-col-sm-offset4"
                    lay-submit="" lay-filter="demo1">立即提交
                </button>
            </div>
        </form>
</body>
```

代码运行结果如图 3.1.5 所示，得到该页面中有一道题可以作答。

图 3.1.5　问题页面展示

目前该页面只有一个问题，该项目需要由 18 道题组成，这 18 道题由数据库提供，为了方便项目达到正常效果，在第二个 div 处做一个 v-for 循环。v-for 循环需要引入真实的数据，因此在项目中通过 cdn 引入 vue.js。

```
...
<script src="https://cdn.bootcdn.net/ajax/libs/vue/2.6.11/vue.
min.js"></script>
...
```

通过引入一个 vue 对象，完成假数据的填充，数据填充在 infos 中，其中 el 表示对应表单中 div 的节点，这样 vue 对象中的数据即可在该区域中使用。

```
<script>
    //注意：导航 依赖 element 模块，否则无法进行功能性操作
    layui.use('element', function() {
        var element = layui.element;

        //…
    });

    var v = new Vue({
        el: '#questions',
        data: {
            infos: []
        },
    })
</script>
```

infos 是一个数组，在该数组中需要几个属性：id、content、type。
id 为该题的需要，content 为该题的题型内容，type 为该题的类型。
数据准备如下：

```
data: {
    infos: [{
        id: 1,
        content: "第一题题目内容",
        type: "A"
    }, {
        id: 2,
        content: "第二题题目内容",
        type: "B"
```

```
    }, {
        id: 3,
        content: "第三题题目内容",
        type: "C"
    }, {
        id: 4,
        content: "第四题题目内容",
        type: "D"
    }]
}
```

通过 v-for 的语法做一个循环，如图 3.1.6 所示。

```
<form class="layui-form">
    <div id="questions" class="layui-container " style="margin-
top: 20px;margin-bottom: 20px;" >
        <div class="layui-card shadow layui-card-body" v-for="
(item,index) in infos">
            <div class="layui-form-item layui-row">
                <label style="text-align: start;float: left">
{{item.id}}、{{item.content}}</label>

                <div style="float: right">
                    <input type="radio" :name="item.id" value="0"
title="是">

                    <input type="radio" :name="item.id" value="1"
title="否">
                </div>
            </div>
        </div>
    </div>
    <div class="layui-form-item layui-row">
        <button type="submit"
            class="layui-btn layui-col-xs4 layui-col-xs-offset4
layui-col-sm4 layui-col-sm-offset4"
            lay-submit="" lay-filter="demo1">立即提交
        </button>
    </div>
</form>
```

```
<form class="layui-form">
    <div id="questions" class="layui-container " style="margin-top: 20px;margin-bottom: 20px;" >
        <div class="layui-card shadow layui-card-body" v-for="(item,index) in infos">
            <div class="layui-form-item layui-row">
                <label style="text-align: start;float: left" {{item.id}}、{{item.content}} </label>

                <div style="float: right">
                    <input type="radio" :name="item.id" value="0" title="是">
                    <input type="radio" :name="item.id" value="1" title="否">
                </div>
            </div>
        </div>
    </div>
    <div class="layui-form-item layui-row">
        <button type="submit"
            class="layui-btn layui-col-xs4 layui-col-xs-offset4 layui-col-sm4 layui-col-sm-offset4"
            lay-submit="" lay-filter="demo1">立即提交
        </button>
    </div>
</form>
```

图 3.1.6 添加 vue 循环代码

效果如图 3.1.7 所示。

图 3.1.7 多个问题陈列展示

该任务最终效果如图 3.1.8 所示。

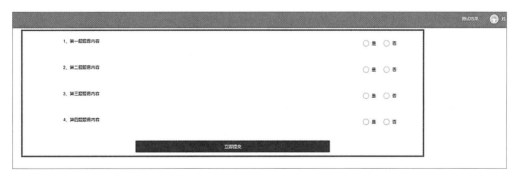

图 3.1.8 最终效果图

📖 知识点

1. 通过索引渲染数组内容

通过数组的索引获取数组的数据，这种写法在数据很多的时候或者数据发生更新的时候处理就会很繁琐，因此可以使用 v-for 指令来循环数组。

```
<div id="app">
    <ul>
        <li>{{ fruites[0] }}</li>
        <li>{{ fruites[1] }}</li>
        <li>{{ fruites[2] }}</li>
        <li>{{ fruites[3] }}</li>
    </ul>
</div>
        <script>
        const vm = new Vue({
            el: "#app",
            data: {
                fruites: ["苹果", "梨子", "西瓜", "榴莲"]
            },
        })
        </script>
```

2. 数组循环语法

v-for 指令需要使用 item in items 形式的特殊语法，item 是数组元素迭代的别名，items 是原数据数组。v-for 指令的语法使用示例如下：

```
<ul id="example-1">
    <li v-for="item in items"> {{ item.message }} </li>
</ul>
```

3. 数组循环示例

基本数组的循环如下：

```
<div id="app">
    <ul>
        <li v-for="fruite in fruites"> {{fruite}} </li>
    </ul>
```

```
</div>
<script>
   const vm = new Vue({
      el: "#app",
      data: {
         fruites: ["苹果", "梨子", "西瓜", "榴莲"]
      },
   })
</script>
```

4. 获取数组索引

v-for 还支持一个可选的第二个参数为当前项的索引。

```
<div id="app">
   <ul>
      <li v-for="(fruite,index) in fruites"> {{fruite}}--{{index}}
</li>
   </ul>
</div>
<script>
   const vm = new Vue({
      el: "#app",
      data: {
         fruites: ["苹果", "梨子", "西瓜", "榴莲"]
      },
   })
</script>
```

5. 数组项为对象

数组项为对象的循环如下:

```
<div id="app">
   <ul>
      <li v-for="fruite in fruites"> <span>{{fruite.name}}:
</span> <span>{{fruite.price}}</span> </li>
   </ul>
</div>
<script>
   const vm = new Vue({
```

```
        el: "#app",
        data: {
            fruites: [{
                name: "苹果",
                price: "5元/斤"
            }, {
                name: "梨子",
                price: "6元/斤"
            }, {
                name: "西瓜",
                price: "8元/斤"
            }, {
                name: "榴莲",
                price: "12元/斤"
            }]
        }
    })
</script>
```

使用索引：

```
<div id="app">
    <ul>
        <li v-for="(fruite,index) in fruites"> <span>{{index+1}}
</span> <span>{{fruite.name}}:</span>
            <span>{{fruite.price}}</span> </li>
    </ul>
</div>
<script>
    const vm = new Vue({
        el: "#app",
        data: {
            fruites: [{
                name: "苹果",
                price: "5元/斤"
            }, {
                name: "梨子",
                price: "6元/斤"
```

```
        }, {
            name: "西瓜",
            price: "8 元/斤"
        }, {
            name: "榴莲",
            price: "12 元/斤"
        }]
    }
})
</script>
```

五、参考资料

栅格系统与后台布局：https://www.ilayuis.com/doc/element/layout.html

表单 form 属性：https://www.ilayuis.com/doc/element/form.html

v-for 循环介绍：https://v2.cn.vuejs.org/v2/guide/list.html

任务 1 分析结果编写

分析结果编写

一、基本信息（见表 4.1.1）

表 4.1.1 基本信息

工单编号	01-04	工单名称	分析结果编写
建议学时	2	所属任务	基础页面
环境要求		Win 10 系统	

二、工单介绍

（1）运用导航栏、字段集区块、ECharts、表格完成答题页面编写，运用 vue 中知识点丰富页面答题内容。

（2）学会通过图表库 ECharts 三方工具库完成页面编写。

三、工单目标（见表 4.1.2）

表 4.1.2 工单目标

课程思政	思政元素	1. 通过国内外行业软件比对，培养学生实事求是的态度； 2. 通过日常卫生打扫，培养学生职业素养
课程目标	能力目标	1. 通过小组协作互助，培养良好的团队合作能力； 2. 通过软件安装，培养良好的动手操作能力
	技术目标	能够根据工单要求，完成相应环境搭建
	知识目标	1. 掌握项目组成的基本概念； 2. 掌握全局样式配置的使用方法； 3. 掌握项目搭配浏览器调试的过程与方法

四、执行步骤

（一）搭建 result.html 页面，并完成从问题页面跳转

创建新的 result.html 页面，如图 4.1.1 所示，引入 layui 框架的 js、css 并完成 title 属性的配置，具体代码如下：

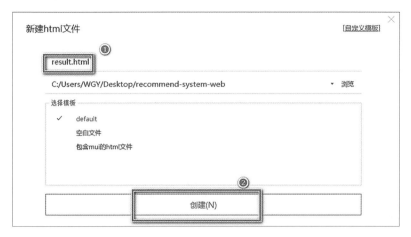

图 4.1.1　创建分析页面

```html
<html>
    <head>
        <meta charset="utf-8">
        <title>测最适合你的大学专业-2023 成工职专业在线测试 (完整专业
版)</title>
        <meta name="viewport" content="width=device-width,initial-
scale=1.0">
        <meta http-equiv="X-UA-Compatible" content="ie=edge">
        <link rel="stylesheet" href="./js/layui/css/layui.css">
    </head>

    <script src="./js/layui/layui.js"></script>
...
```

完成引入，需要通过对 ECharts 学习并完成页面的完善。进入 ECharts 官网（https://echarts.apache.org/zh/index.html），如图 4.1.2 所示。

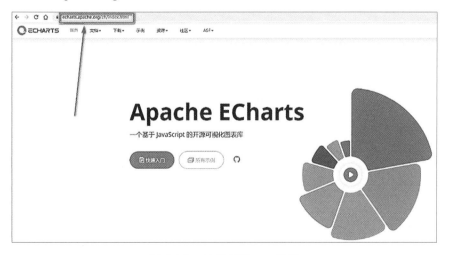

图 4.1.2　访问 ECharts 地址

通过点击"快速入门"学习如何使用 ECharts。

 知识点：ECharts 快速入门

支持多种方式下载 **ECharts**，可以在下一篇教程"安装"中查看所有方式。这里以从 jsDelivr CDN 上获取为例，介绍如何快速安装 **ECharts**。在 https://www.jsdelivr.com/package/npm/echarts 选择 dist/echarts.js，点击并保存为 echarts.js 文件。

1. 引入 Apache ECharts

在刚才保存 echarts.js 的目录下新建一个 index.html 文件，内容如下：

```html
<!DOCTYPE html>
<html>
  <head>
    <meta charset="utf-8" />
    <!-- 引入刚刚下载的 ECharts 文件 -->
    <script src="echarts.js"></script>
  </head>
</html>
```

打开这个 index.html 文件，会看到一片空白。打开控制台确认没有报错信息，就可以进行下一步。

2. 绘制一个简单的图表

在绘图前需要为 ECharts 准备一个定义了高和宽的 DOM 容器。在刚才的例子 </head>之后，添加：

```html
<body>
  <!-- 为 ECharts 准备一个定义了宽高的 DOM -->
  <div id="main" style="width: 600px;height:400px;"></div>
</body>
```

然后就可以通过 echarts.init 方法初始化一个 echarts 实例，并通过 **setOption** 方法生成一个简单的柱状图，下面是完整代码。

```html
<!DOCTYPE html>
<html>
  <head>
    <meta charset="utf-8" />
    <title>ECharts</title>
```

```html
    <!-- 引入刚刚下载的 ECharts 文件 -->
    <script src="echarts.js"></script>
  </head>
  <body>
    <!-- 为 ECharts 准备一个定义了宽高的 DOM -->
    <div id="main" style="width: 600px;height:400px;"></div>
    <script type="text/javascript">
      // 基于准备好的 dom，初始化 echarts 实例
      var myChart = echarts.init(document.getElementById('main'));

      // 指定图表的配置项和数据
      var option = {
        title: {
          text: 'ECharts 入门示例'
        },
        tooltip: {},
        legend: {
          data: ['销量']
        },
        xAxis: {
          data: ['衬衫', '羊毛衫', '雪纺衫', '裤子', '高跟鞋', '袜子']
        },
        yAxis: {},
        series: [
          {
            name: '销量',
            type: 'bar',
            data: [5, 20, 36, 10, 10, 20]
          }
        ]
      };

      // 使用刚指定的配置项和数据显示图表。
      myChart.setOption(option);
    </script>
  </body>
</html>
```

这样一个全新的图表就诞生了，如图 4.1.3 所示。

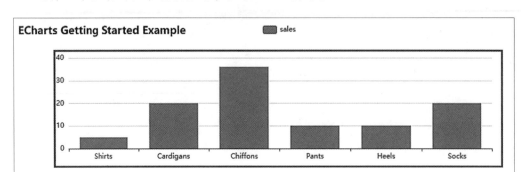

图 4.1.3　ECharts 展示

将文档中的 js（通过 cdn 的形式引入<script src="https://cdn.jsdelivr.net/npm/echarts@5.4.2/dist/echarts.min.js"></script>）引入到页面中，如图 4.1.4 所示，做好准备工作。

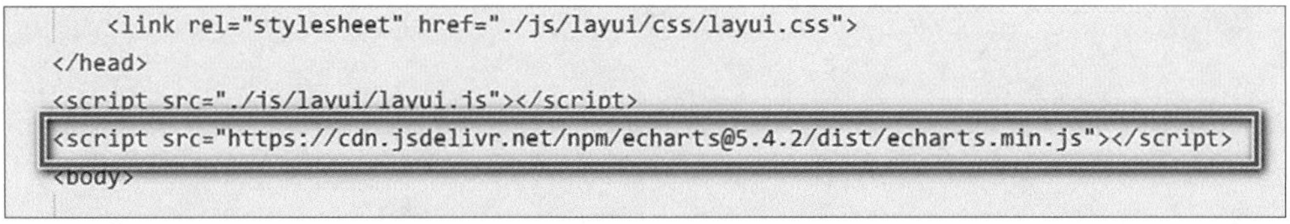

```
    <link rel="stylesheet" href="./js/layui/css/layui.css">
</head>
<script src="./js/layui/layui.js"></script>
<script src="https://cdn.jsdelivr.net/npm/echarts@5.4.2/dist/echarts.min.js"></script>
<body>
```

图 4.1.4　引用 ECharts 文件

通过 question.html 中 button 的"点击"事件进行页面跳转，代码如下（ question.html ），其中将 form 抽离出来作为全局变量，通过在 layui 中导入依赖模块 form，后续对 form 表单的点击事件才能正常使用。

```
...
...
</body>
<script>
    var form;
    //注意：导航 依赖 element 模块，否则无法进行功能性操作
    layui.use(['element', 'form'], function() {
        var element = layui.element;
        form = layui.form;
        form.on('submit(demo1)', function(data) {
```

```
        window.location = './result.html';
        return false;
    });
});
...
...
```

（二）结果页面导航栏及表格编写

上一个任务已经完成了这个页面导航栏代码编写，所以代码不用变动，如图 4.1.5
所示。

```
<body>
    <div style="text-align: right;" id="nav_top">
        <ul class="layui-nav layui-bg-blue ">
            <li class="layui-nav-item">
                <a href="#">测试结果</a>
            </li>
            <li class="layui-nav-item">
                <a href="#"><img src="img/avatar.png" class="layui-nav-img">姓名</a>
                <dl class="layui-nav-child">
                    <dd>
                        <a href="#">修改信息</a>
                    </dd>
                    <dd>
                        <a href="#">安全管理</a>
                    </dd>
                    <dd>
                        <a href="#">退了</a>
                    </dd>
                </dl>
            </li>
        </ul>
    </div>
</body>
```

图 4.1.5　构建导航栏

接着点击 ECharts 文档中的"示例"（见图 4.1.6），进行雷达图的运用，如图 4.1.7
所示。

图 4.1.6　ECharts 示例

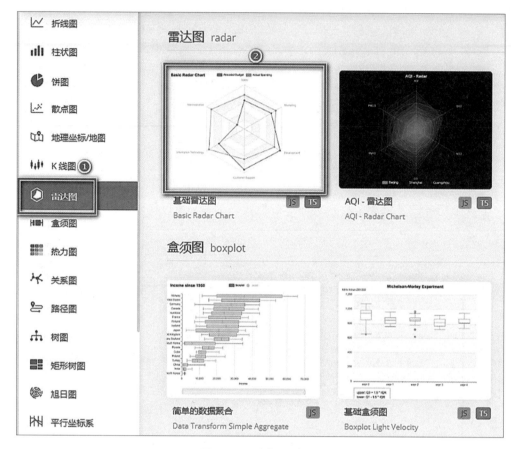

图 4.1.7　选择雷达图

采用上述"知识点"中介绍的方法将最基本结构导入页面中，再运行到 Chorme 浏览器中，代码如下，运行结果如图 4.1.8 所示。

```
    ... ...
    ... ...
    </ul>
  </div>
  <div id="main" style="width: 600px;height:400px;"></div>
</body>
<script type="text/javascript">
  // 基于准备好的 dom, 初始化 echarts 实例
  var myChart = echarts.init(document.getElementById('main'));
  // 指定图表的配置项和数据
  var option = {
    title: {
```

```
            text: 'ECharts 入门示例'
        },
        tooltip: {},
        legend: {
            data: ['销量']
        },
        xAxis: {
            data:['衬衫','羊毛衫','雪纺衫','裤子','高跟鞋','袜子']
        },
        yAxis: {},
        series: [{
            name: '销量',
            type: 'bar',
            data: [5, 20, 36, 10, 10, 20]
        }]
    };
    // 使用刚指定的配置项和数据显示图表。
    myChart.setOption(option);
</script>
</html>
```

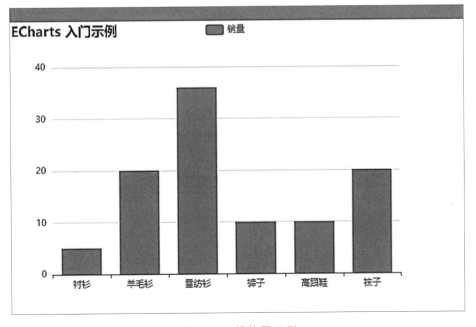

图 4.1.8　组状图示例

此时展现出一个基础的表格，根据文档示例中的介绍，变动代码中的 option 配置，使用雷达图的参数（见图 4.1.9），将这部分参数设定到 result.html 页面中 script 中的 option 参数里，代码如下。

图 4.1.9　ECharts 代码

```javascript
<script type="text/javascript">
    // 基于准备好的 dom，初始化 echarts 实例
    var myChart = echarts.init(document.getElementById('main'));
    // 指定图表的配置项和数据
    var option = {
        title: {
            text: 'Basic Radar Chart'
        },
        legend: {
```

```
            data: ['Allocated Budget', 'Actual Spending']
    },
    radar: {
        // shape: 'circle',
        indicator: [{
                name: 'Sales',
                max: 6500
            },
            {
                name: 'Administration',
                max: 16000
            },
            {
                name: 'Information Technology',
                max: 30000
            },
            {
                name: 'Customer Support',
                max: 38000
            },
            {
                name: 'Development',
                max: 52000
            },
            {
                name: 'Marketing',
                max: 25000
            }
        ]
    },
    series: [{
        name: 'Budget vs spending',
        type: 'radar',
        data: [{
                value: [4200, 3000, 20000, 35000, 50000, 18000],
                name: 'Allocated Budget'
            },
```

```
        {
            value: [5000, 14000, 28000, 26000, 42000, 21000],
            name: 'Actual Spending'
        }
    ]
  }]
};
// 使用刚指定的配置项和数据显示图表。
myChart.setOption(option);
</script>
```

运行代码获得雷达图，如图 4.1.10 所示。通过设定参数，对雷达图进行居中、添加雷达图阴影等操作，并对雷达图参数进行设置，最终效果如图 4.1.11 所示。

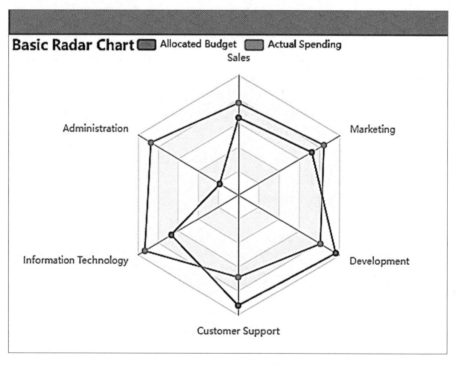

图 4.1.10　雷达图实例

```
<style>
    .shadow {
        box-shadow: 0 2px 2px 0 rgba(0, 0, 0, 0.14), 0 1px 5px 0
rgba(0, 0, 0, 0.12), 0 3px 1px -2px rgba(0, 0, 0, 0.2);
    }
    .layui-table-page {
```

```
        text-align: center;
    }
</style>
<body>
    <div style="text-align: right;" id="nav_top">
    ...
    ...
    </div>
    <div class="layui-container">
        <div class="chart-panel panel panel-default">
            <div class="layui-row layui-fluid">
                <div id="main" style="height: 300px; margin-top:
20px;padding: 10px;"
                    class="shadow"></div>
            </div>
        </div>
    </div>
</body>
```

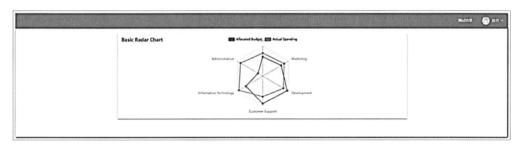

图 4.1.11　实际展示图

📑　知识点

1. 雷达图

雷达图是通过 ECharts 的雷达图坐标系组件实现的。该组件等同 ECharts 2 中的 polar 组件。polar 被重构为标准的极坐标组件，为避免混淆，雷达图使用 radar 组件作为其坐标系。

雷达图坐标系与极坐标系不同的是，它的每一个轴（indicator 指示器）都是一个单独的维度，可以通过 name、axisLine、axisTick、axisLabel、splitLine、splitArea 几个配置项配置指示器坐标轴线的样式。

2. 主要属性

（1）radar.zlevel

- 所有图形的 zlevel 值。

- zlevel 用于 Canvas 分层，不同 zlevel 值的图形会放置在不同的 Canvas 中，Canvas 分层是一种常见的优化手段。我们可以把一些图形变化频繁（例如有动画）的组件设置成一个单独的 zlevel。需要注意的是，过多的 Canvas 会引起内存开销的增大，在手机端上需要谨慎使用，以防崩溃。

- zlevel 大的 Canvas 会放在 zlevel 小的 Canvas 的上面。

（2）radar.z = 2

- 组件的所有图形的 z 值。控制图形的前后顺序。z 值小的图形会被 z 值大的图形覆盖。

- z 相比 zlevel 优先级更低，而且不会创建新的 Canvas。

（3）radar.center = ['50%', '50%']

- 雷达图的中心（圆心）坐标，数组的第一项是横坐标，第二项是纵坐标。

- 支持设置成百分比。设置成百分比时，第一项是相对于容器宽度，第二项是相对于容器高度。

使用示例：

```
// 设置成绝对的像素值
center: [400, 300]
// 设置成相对的百分比
center: ['50%', '50%']
```

（4）radar.radius = 75%

- 雷达图的半径。可以为如下类型：

number：直接指定外半径值。

string：例如，'20%'，表示外半径为可视区尺寸（容器高宽中较小一项）的 20% 长度。

Array：数组的第一项是内半径，第二项是外半径。每一项遵从上述 number string 的描述。

（5）radar.startAngle = 90

- 坐标系起始角度，也就是第一个指示器轴的角度。

（6）radar.nameObject

- 雷达图每个指示器名称的配置项。

（7）radar.name.show = trueboolean

- 是否显示指示器名称。

（8）radar.name.formatterstringFunction
- 指示器名称显示的格式器。支持字符串和回调函数，如下示例：

```
// 使用字符串模板，模板变量为指示器名称 {value}
formatter: '【{value}】'
// 使用回调函数，第一个参数是指示器名称，第二个参数是指示器配置项
formatter: function (value, indicator) {
    return '【' + value + '】';
}
```

（9）radar.textStyle
- 包含许多子属性，用于雷达图的样式设置。

（10）radar.axisLineObject
- 坐标轴轴线相关设置。

（11）radar.axisTickObject
- 坐标轴刻度相关设置。

（12）radar.axisLabelObject
- 坐标轴刻度标签的相关设置。

（13）radar.indicatorArray
- 雷达图的指示器，用来指定雷达图中的多个变量（维度），如下示例。

```
indicator: [
    { name: '销售（sales）', max: 6500},
    { name: '管理（Administration）', max: 16000, color: 'red'},
// 标签设置为红色
    { name: '信息技术（Information Techology）', max: 30000},
    { name: '客服（Customer Support）', max: 38000},
    { name: '研发（Development）', max: 52000},
    { name: '市场（Marketing）', max: 25000}
]
```

五、参考资料

ECharts 雷达图使用：https://echarts.apache.org/examples/zh/editor.html?c=radar

任务 2 分析页面结果编写

一、基本信息（见表 4.2.1）

表 4.2.1 基本信息

工单编号	01-05	工单名称	答题页面搭建
建议学时	2	所属任务	开发环境搭建
环境要求		Win 10 系统	

二、工单介绍

（1）运用字段集区块、table 数据表格完成答题页面编写，运用 vue 中知识点丰富页面答题内容。

（2）利用弹性布局完成页面模块布局。

三、工单目标（见表 4.2.2）

表 4.2.2 工单目标

课程思政	思政元素	1. 通过国内外行业软件比对，培养学生实事求是的态度； 2. 通过日常卫生打扫，培养学生职业素养
课程目标	能力目标	1. 通过小组协作互助，培养良好的团队合作能力； 2. 通过软件安装，培养良好的动手操作能力
	技术目标	能够根据工单要求，完成相应环境搭建
	知识目标	1. 掌握项目组成的基本概念； 2. 掌握全局样式配置的使用方法； 3. 掌握项目搭配浏览器调试的过程与方法

四、执行步骤

（一）使用字段集区块，完成测试结果显示

在 result.html 页面中的雷达图下方进行结果展示，主要是对答题后进行分析获得的结果进行展示，结果用字段集区块显示，这里用到 fieldset 标签进行配置，具体代码如下：

```
<html>
...
...
```

```
<!--图表-->
<div class="layui-container">
    <div class="chart-panel panel panel-default">
        <div class="layui-row layui-fluid">
            <div id="main" style="height: 300px; margin-top: 20px;
padding: 10px;" class="shadow"></div>
        </div>
    </div>
</div>
<!--分析结果-->
<div class="layui-container layui-row" style="margin-top: 10px">
    <fieldset class="layui-elem-field">
        <legend style="font-size: 20px;color: #009688;font-weight:
500">测试结果</legend>
        <div class="layui-field-box">
            <blockquote class="layui-elem-quote" v-for="item in
typeInfos">
                <p style="font-size: 16px;color: #FF5722;font-weight:
500">艺术型</p>
                <p>直觉敏锐, 有创造力, 乐于创造新颖、与众不同的事物, 表演
欲强, 渴望表现自己的个性, 实现自身的价值。做事理想化, 注重审美, 追求完美。
具有一定的艺术个性、兴趣和才能。善于表达、怀旧、心态较为艺术性。善于借文字、
声音、色彩、影像等形式表达创作与美的感受, 不受拘。
                </p>
            </blockquote>
            </br>
        </div>
    </fieldset>
</div>
...
```

引用数据都为静态数据，后续将通过数据库和后台进行匹配，效果如图 4.2.1 所示。

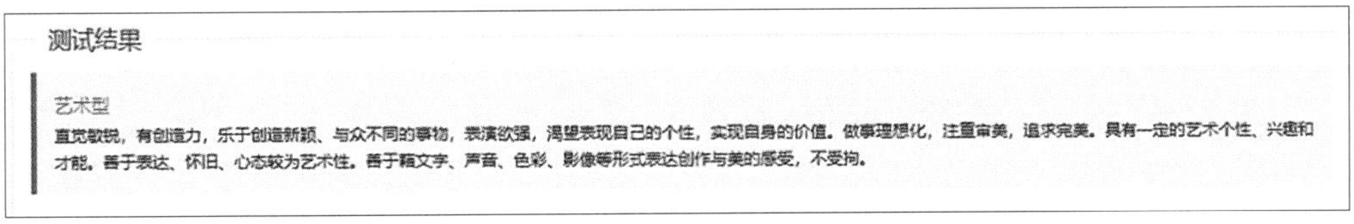

图 4.2.1 测试结果所示

结果分析出来后,即可对这种类型的专业进行推荐。专业推荐不仅限于一个专业,可能会有很多个,需要用一个表格来装载。

在字段集区块表示的测试结果下方运用 table 进行代码编写,并对表格设置 id 为 table_profession,方便后续数据填充,将表格显示在下方:

```html
<!--分析结果-->
<div class="layui-container layui-row" style="margin-top: 10px">
    <fieldset class="layui-elem-field">
        <legend style="font-size: 20px;color: #009688;font-weight:
500">测试结果</legend>
        <div class="layui-field-box">
            <blockquote  class="layui-elem-quote"  v-for="item  in
typeInfos">
                <p style="font-size: 16px;color: #FF5722;font-weight:
500">{{item.title}}</p>
                <p>{{item.characteristic}}</p>
            </blockquote>
            </br>
        </div>
    </fieldset>
<!--表格---->
    <table class="layui-table" id="table_profession"></table>
</div>
```

以上是对页面进行的渲染,页面构建好了后,需要在 script 进行表格属性设定,效果如图 4.2.2 所示:

```javascript
<script type="text/javascript">
    layui.use(['table'], function() {
        var table = layui.table
        //展示已知数据
        table.render({
            elem: '#table_profession',
            cols: [
                [ //标题栏
                    {
                        field: 'id',
                        title: '序号',
                        width: "10%"
                    }, {
```

```
                        field: 'title',
                        title: '类型',
                        width: "20%"
                    }, {
                        field: 'name',
                        title: '推荐专业',
                        width: "70%"
                    }
                ]
            ],
            data: [{
                "id": "1",
                "title": "艺术型",
                "name": "视觉传播设计与制作"
            }, {
                "id": "2",
                "title": "艺术型",
                "name": "学前教育"
            }, {
                "id": "3",
                "title": "艺术型",
                "name": "播音主持 "
            }],
            even: true,
            page: { //支持传入 laypage 组件的所有参数（某些参数除外，如:
jump/elem）- 详见文档
                layout: ['prev', 'page', 'next', 'count'], //自定
义分页布局
                groups: 4, //只显示 1 个连续页码
                first: false, //不显示首页
                last: false //不显示尾页
            }
        });
    })
```

　　目前，已知数据对应的数组仅有 3 条，表格中对应的数据也只有 3 条，需要注意的是 data 中数据一定要按照 cols 配置的 field 进行定义，否则表格匹配不了数据，页面就不会显示。

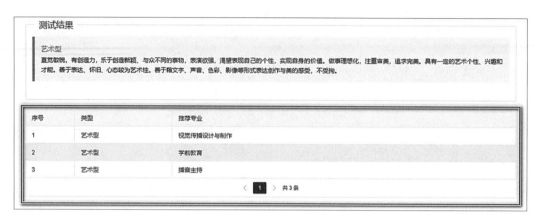

图 4.2.2　推荐专业展示

 知识点

1. table 数据表格

table 是 layui 最核心的组成之一。它用于对表格进行一系列功能和动态化数据操作，涵盖了日常业务所涉及的几乎全部需求。支持固定表头、固定行、固定列左/列右，支持拖拽改变列宽度，支持排序，支持多级表头，支持单元格的自定义模板，支持对表格重载（比如搜索、条件筛选等），支持复选框，支持分页，支持单元格编辑等一系列功能。

2. 三种初始化渲染方式（见表 4.2.3）

表 4.2.3　三种初始化渲染方式

	方式	机制	适用场景
1	方法渲染	用 JS 方法的配置完成渲染	（推荐）无须写过多的 HTML，在 JS 中指定原始元素，再设定各项参数即可
2	自动渲染	HTML 配置，自动渲染	无须写过多 JS，可专注于 HTML 表头部分
3	转换静态表格	转化一段已有的表格元素	无须配置数据接口，在 JS 中指定表格元素，并简单地给表头加上自定义属性即可

3. 方法级渲染

方法级渲染其实是"自动化渲染"的手动模式，只是"方法级渲染"将基础参数的设定放在了 JS 代码中，且原始的 table 标签只需要一个选择器：

```
HTML:
<table id="demo" lay-filter="test"></table>
JavaScriptcode:
var table = layui.table;
```

```
//执行渲染
table.render({
elem: '#demo' //指定原始表格元素选择器（推荐 id 选择器）
,height: 315 //容器高度
,cols: [{}] //设置表头
//,…… //更多参数参考右侧目录：基本参数选项
});
```

事实上我们更推荐采用"方法级渲染"的做法，其最大的优势在于你可以脱离 HTML 文件，而专注于 JS 本身。尤其对于项目的频繁改动及发布，其便捷性会体现得更为明显。而它与"自动化渲染"的方式究竟哪个更简单，也只能由大家自行体会了。

备注：table.render()方法返回一个对象：var tableIns = table.render（options），可用于对当前表格进行"重载"等操作。

五、参考资料

栅格系统与后台布局：https://www.ilayuis.com/doc/element/layout.html
表单 form 属性：https://www.ilayuis.com/doc/element/form.html
v-for 循环介绍：https://v2.cn.vuejs.org/v2/guide/list.html

项目 5 搭建后台环境

任务 1 数据库环境搭建

数据库环境搭建

一、基本信息（见表 5.1.1）

表 5.1.1 基本信息

工单编号	01-06	工单名称	数据库环境搭建
建议学时	2	所属任务	开发环境搭建
环境要求	Win 10 系统		

二、工单介绍

完成 MySQL 与 Navicat 安装，能够使用 Navicat 连接并操作数据库。

三、工单目标（见表 5.1.2）

表 5.1.2 工单目标

课程思政	思政元素	1. 通过国内外行业软件比对，培养学生实事求是的态度； 2. 通过日常卫生打扫，培养学生职业素养
课程目标	能力目标	1. 通过小组协作互助，培养良好的团队合作能力； 2. 通过软件安装，培养良好的动手操作能力
	技术目标	能够根据工单要求，完成相应环境搭建
	知识目标	1. 掌握项目组成的基本概念； 2. 掌握数据库的基本使用

四、执行步骤

（一）MySQL 下载

（1）访问 MySQL 官网 https://www.mysql.com/，选择 DOWNLOADS，点击[MySQL Community（GPL）Downloads »]（https://dev.mysql.com/downloads/）进入社区下载界面，如图 5.1.1 所示。

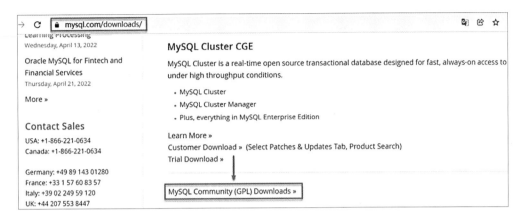

图 5.1.1 MySQL 下载界面

（2）点击[MySQL Community Server]（https://dev.mysql.com/downloads/mysql/）进
入 MySQL 社区服务器下载界面，如图 5.1.2 所示。

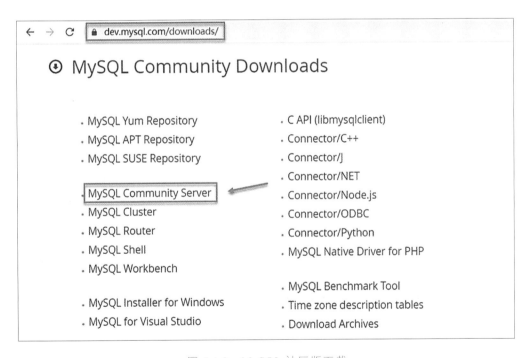

图 5.1.2 MySQL 社区版下载

（3）选择 Windows 版 ZIP 压缩包进行下载，在此以 8.0.28 版本为例，如图 5.1.3
所示。

图 5.1.3　MySQL 压缩版安装包下载

（4）选择直接下载，如图 5.1.4 所示。

图 5.1.4　MySQL 下载

执行结果如图 5.1.5 所示。

名称 ^	修改日期	类型	大小
mysql-8.0.28-winx64.zip	2022/4/7 9:13	WinRAR ZIP 压缩文件	216,818 KB

图 5.1.5　MySQL 压缩版安装包

（二）MySQL 安装

（1）解压压缩包，将解压后的文件放至常用软件安装目录，如图 5.1.6 所示。

此电脑 > 软件 (D:) > software > mysql-8.0.28-winx64　　　　搜索"mysql-8.0.28-...

名称 ^	修改日期	类型	大小
bin	2022/4/7 10:59	文件夹	
docs	2022/4/7 10:59	文件夹	
include	2022/4/7 10:59	文件夹	
lib	2022/4/7 10:59	文件夹	
share	2022/4/7 10:59	文件夹	
LICENSE	2021/12/18 0:07	文件	271 KB
README	2021/12/18 0:07	文件	1 KB

图 5.1.6　MySQL 目录

（2）配置环境变量，如图 5.1.7 所示。

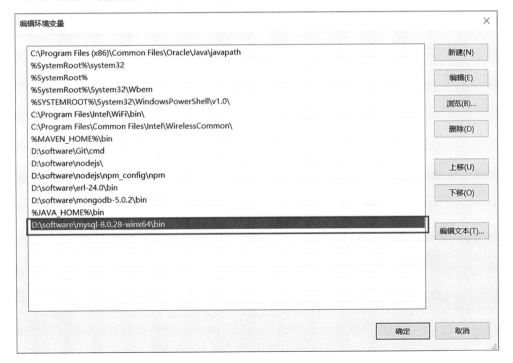

图 5.1.7　MySQL 环境变量添加

（3）在 mysql 根目录下创建 my.ini 配置文件。

```
[mysqld]
#字符集设置
character-set-server = utf8
#服务地址
bind-address = localhost
#运行端口
port = 3306
#根目录
basedir = D:/software/mysql-8.0.28-winx64
#data 文件夹（运行后生成）
datadir = D:/software/mysql-8.0.28-winx64/data
#最大连接数
max_connections = 2000
#默认引擎
default-storage-engine = INNODB
[mysql]
default-character-set = utf8
[mysql.server]
default-character-set = utf8
[client]
default-character-set = utf8
```

（4）打开命令提示符（管理员）→输入指令 mysqld--initialize-insecure 进行数据库初始化，如图 5.1.8 所示。

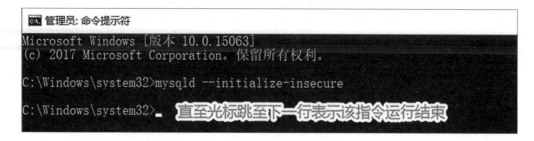

图 5.1.8　数据库初始化

（5）输入指令 mysqld install 安装服务，如图 5.1.9 所示。

图 5.1.9 MySQL 服务安装

（6）输入指令 net start mysql 启动服务，如图 5.1.10 所示。

图 5.1.10 MySQL 服务启动

（三）设置 root 密码

（1）cmd 打开命令提示符，输入指令 mysql -u root -p 登录服务器，此处密码为空，如图 5.1.11 所示。

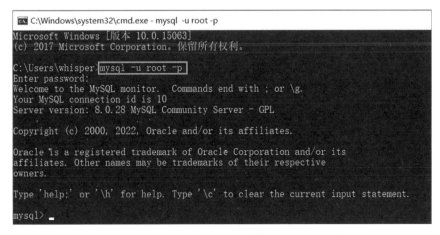

图 5.1.11 MySQL 命令行界面

（2）输入指令 [alter user 'root'@'localhost' identified by '123456'；]() 修改 root 用户密码为 123456，如图 5.1.12 所示。

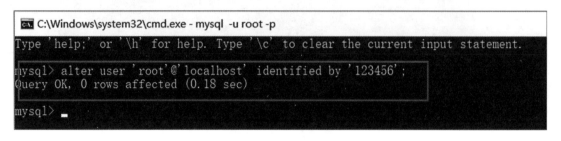

图 5.1.12　MySQL 密码修改

（四）下载安装 Navicat

（1）打开官网，点击"产品"，选择"试用"或者"购买"进行安装程序下载。

官网地址（英文版）：https://www.navicat.com/en

官网地址（中文版）：https://www.navicat.com.cn

（2）运行安装程序，指定安装目录，全部默认"下一步"直至安装完成。

（五）Navicat 连接 MySQL

（1）打开 Navicat，新建 MySQL 连接，如图 5.1.13 所示。

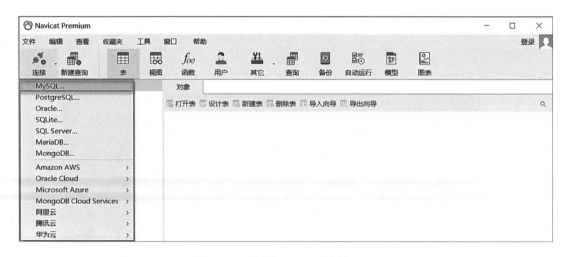

图 5.1.13　新建 MySQL 连接

（2）配置参数，测试连接，如图 5.1.14 所示。

图 5.1.14　MySQL 连接参数设置

（3）测试成功，点击"确定"即可，如图 5.1.15 所示。

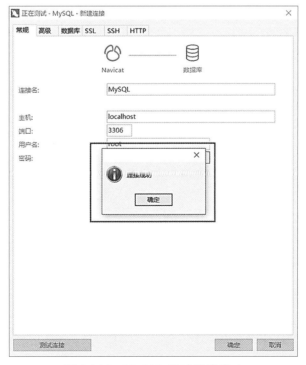

图 5.1.15　MySQL 测试连接成功

执行结果如图 5.1.16 所示。

图 5.1.16 MySQL 数据库

五、参考资料

1. MySQL 安装包：材料/mysql/mysql-8.0.28-winx64.zip
2. Navicat 安装包：材料/Navicat/Navicat_Premium_150.rar

任务 2 Java 环境搭建

Java 环境搭建

一、基本信息

工单编号	01-07	工单名称	Java 环境搭建
建议学时	2	所属任务	开发环境搭建
环境要求	Win 10 系统		

二、工单介绍

1. 了解 JDK 相关历史及官方网址；
2. 完成 JDK 下载安装；
3. 掌握 Java 代码编译及运行方法。

三、工单目标

课程思政	思政元素	1. 通过行业软件介绍，培养学生正确的世界观、人生观、价值观； 2. 通过日常卫生打扫，培养学生职业素养
课程目标	能力目标	1. 通过小组协作，培养良好的团队合作能力； 2. 能按照工单完成软件步骤，具备良好的动手操作能力
	技术目标	能够根据工单要求，完成相应环境搭建
	知识目标	无

四、执行步骤

（一）下　载

（1）访问官网下载界面 https://www.oracle.com/java/technologies/downloads/archive/，选择较为稳定的 Java 8 版本，如图 5.2.1 所示。

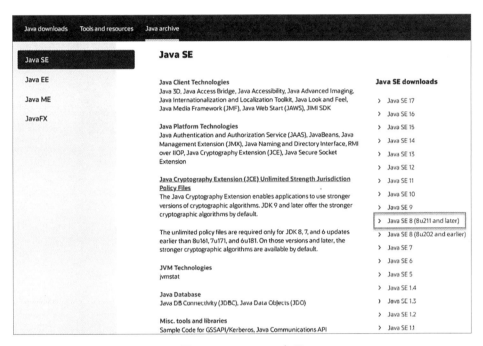

图 5.2.1　Java SE 官网

（2）点击下载，如图 5.2.2 所示。

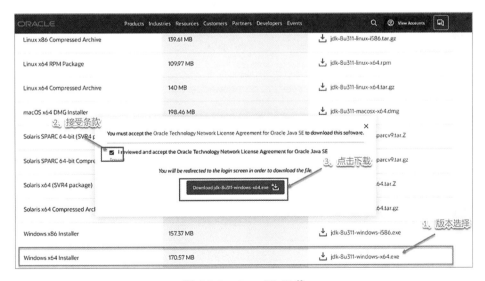

图 5.2.2　Java SE 下载

执行结果如图 5.2.3 所示。注：在此以 jdk-8u181-windows-xxx 为例。

名称	修改日期	类型	大小
jdk-8u181-windows-i586.exe	2018/8/31 22:13	应用程序	199,080 KB
jdk-8u181-windows-x64.exe	2018/8/6 21:24	应用程序	207,601 KB

图 5.2.3　jdk 安装包

（二）安　装

（1）运行安装包，全部点击"下一步"直至安装完成，如图 5.2.4 所示。

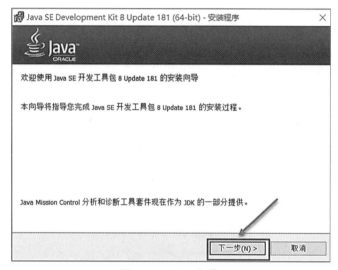

图 5.2.4　jdk 安装

（2）点击"关闭"结束安装程序，如图 5.2.5 所示。

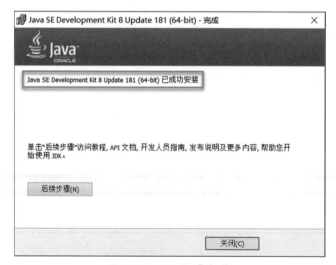

图 5.2.5　jdk 完成安装

执行结果如图 5.2.6 所示，默认安装位置：C:\Program Files\Java。

图 5.2.6　jdk 目录

（三）环境变量配置

（1）复制 jdk 安装 bin 路径，如图 5.2.7 所示。

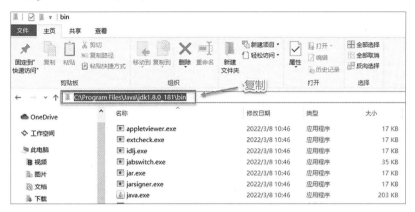

图 5.2.7　jdk bin 路径

（2）鼠标右键"此电脑"→"属性"→"高级系统设置"→"环境变量"→"系统变量"→"Path"→"新建环境变量"→"粘贴复制的 jdk 路径"→点击"确定"完成，如图 5.2.8 所示。

图 5.2.8　配置 Java 环境变量

（3）WIN+R 打开命令行界面，输入 java -version 指令，出现版本号相关信息即表示配置成功，如图 5.2.9 所示。

```
C:\Windows\system32\cmd.exe
Microsoft Windows [版本 10.0.15063]
(c) 2017 Microsoft Corporation。保留所有权利。

C:\Users\whisper>java -version
java version "1.8.0_181"
Java(TM) SE Runtime Environment (build 1.8.0_181-b13)
Java HotSpot(TM) 64-Bit Server VM (build 25.181-b13, mixed mode)

C:\Users\whisper>_
```

图 5.2.9　jdk 版本信息查看

（四）编码测试

（1）桌面新建文件夹，如图 5.2.10 所示。

图 5.2.10　新建文件夹

（2）打开文件夹，新建文本文档，更名为 HelloWorld.java，如图 5.2.11 所示。

图 5.2.11　HelloWorld.java

（3）鼠标右键编辑文档，填入以下代码。

```java
public class HelloWorld {
    public static void main(String[] args) {
        System.out.println("Hello World! ");
    }
}
```

（4）Shift+鼠标右键（空白区）→在此处打开命令行/PowerShell 窗口，如图 5.2.12 所示。

图 5.2.12　打开命令行界面

（5）输入指令 javac.\HelloWorld.java，如图 5.2.13 所示。

图 5.2.13　Java 编译

执行结果如图 5.2.14 所示。

图 5.2.14　class 中间码文件

（6）输入指令 java HelloWorld 运行中间码，打印出结果即表示成功。

（五）执行结果（见图 5.2.15）

Windows PowerShell

```
PS C:\Users\whisper\Desktop\新建文件夹> javac .\HelloWorld.java
PS C:\Users\whisper\Desktop\新建文件夹> java HelloWorld
Hello World!
PS C:\Users\whisper\Desktop\新建文件夹>
```

图 5.2.15　Java 代码运行

五、参考资料

1. Java 简介：https://baike.baidu.com/item/Java/85979?fr=aladdin
2. Jdk 安装包：材料/jdk/jdk-8u181-windows-x64.exe

任务 3　Idea 开发工具安装

Idea 开发工具安装

一、基本信息

工单编号	01-08	工单名称	Idea 开发工具安装
建议学时	1	所属任务	开发环境搭建
环境要求	Win 10 系统		

二、工单介绍

完成 Idea 开发软件安装及基础设置，掌握常用快捷键的使用。

三、工单目标

课程思政	思政元素	1. 通过行业软件介绍，使学生具备一定国际视野； 2. 通过日常卫生打扫，培养学生的职业素养
课程目标	能力目标	1. 通过团队协作互助，培养良好的团队合作能力； 2. 通过拆解式步骤安装，培养良好的动手操作能力
	技术目标	能够根据工单要求，完成相应环境搭建
	知识目标	无

四、执行步骤

（一）下　载

（1）访问官网下载界面 https://www.jetbrains.com/idea/download/other.html。

（2）选择合适版本进行下载，此处以 2020.3.4 版本 zip 安装包进行示例，如图 5.3.1 所示。

图 5.3.1　Idea 官网下载

执行结果如图 5.3.2 所示。

名称	修改日期	类型	大小
idealU-2020.3.4.win.zip	2022/3/8 13:09	WinRAR ZIP 压缩...	846,784 KB

图 5.3.2　Idea 安装包

（二）安　装

（1）解压文件至软件常安装目录，如图 5.3.3 所示。

此电脑 > 软件 (D:) > software > JetBrains > idealU-2020.3.4.win >			
名称	修改日期	类型	大小
bin	2021/4/27 10:35	文件夹	
help	2021/4/27 10:35	文件夹	
jbr	2021/4/27 10:36	文件夹	
lib	2021/4/27 10:35	文件夹	
license	2021/4/27 10:34	文件夹	
plugins	2021/4/27 10:34	文件夹	
redist	2021/4/27 10:35	文件夹	
build.txt	2021/4/27 10:35	文本文档	1 KB
icons.db	2021/4/27 10:35	Data Base File	8,016 KB
Install-Windows-zip.txt	2021/4/27 10:35	文本文档	3 KB
ipr.reg	2021/4/27 10:35	注册表项	1 KB
product-info.json	2021/4/27 10:36	JSON 文件	1 KB

图 5.3.3　Idea 目录

（2）打开 bin 路径，将 64 位运行文件发送至桌面快捷方式，并点击运行，如图 5.3.4 所示。

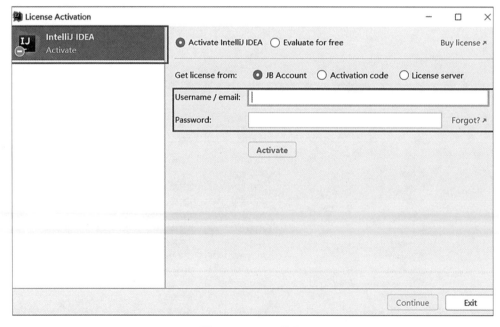

名称	修改日期	类型	大小
idea.exe	2021/4/27 10:35	应用程序	1,267 KB
idea.exe.vmoptions	2021/4/27 10:35	VMOPTIONS 文件	1 KB
idea.ico	2021/4/27 10:35	图标	307 KB
idea.properties	2021/4/27 10:35	PROPERTIES 文件	12 KB
idea.svg	2021/4/27 10:34	SVG 文档	3 KB
idea64.exe	2021/4/27 10:35	应用程序	1,295 KB
idea64.exe.vmoptions	2021/4/27 10:35	VMOPTIONS 文件	1 KB
IdeaWin32.dll	2021/4/27 10:35	应用程序扩展	84 KB
IdeaWin64.dll	2021/4/27 10:35	应用程序扩展	95 KB
inspect.bat	2021/4/27 10:35	Windows 批处理...	1 KB
jumplistbridge.dll	2021/4/27 10:36	应用程序扩展	65 KB
jumplistbridge64.dll	2021/4/27 10:35	应用程序扩展	72 KB
launcher.exe	2021/4/27 10:35	应用程序	121 KB
log.xml	2021/4/27 10:34	XML 文件	3 KB

图 5.3.4 Idea exe 运行文件

（3）点击"Evaluate for free"进行 30 天试用，或购买正版注册码进行激活即可，如图 5.3.5 所示。

图 5.3.5 Idea 注册

（三）常规设置

1. 项目设置

➤ 当前项目设置：File→Settings
➤ 新项目预设：File→New Project Settings→Settings for new Projects

2. 主题设置

➤ File→Settings→Appearance&Behavior→Appearance→Theme

3. 快捷键设置

➤ File→Settings→KeyMap→快捷方式选择（如 Eclipse）

4. 字体设置

➤ 窗口字体设置：File→Settings→Appearance&Behavior→Appearance→勾选 Use custom font
➤ 代码字体设置：File→Settings→Editor→Font

5. 字符集设置（UTF-8）

➤ File→Settings→Editor→File Encodings→
• Global Encoding
• Project Encoding
• Default encoding for properties files

（四）常用快捷键

➤ Ctrl+F：当前文件内容搜索
➤ 双击 Shift：全局搜索
➤ Alt + Enter：自动完成
➤ Ctrl + /：注释一行
➤ Ctrl+Shift+/：多行注释
➤ Ctrl+D：删除一行（Eclipse 风格）
➤ Ctrl+Y：删除一行（Idea 风格）

五、参考资料

1. Idea 安装包：材料/ideaIU-2020.3.4.win.zip

任务 1 答题页面搭建

答题页面搭建

一、基本信息（见表 6.1.1）

表 6.1.1 基本信息

工单编号	01-09	工单名称	数据库导入
建议学时	2	所属任务	数据准备
环境要求	Win 10 环境、具备 MySQL 开发环境、Navicat 工具等		

二、工单介绍

运用 Navicat 导入已有 sql 文件，进行数据导入。

三、工单目标（见表 6.1.2）

表 6.1.2 工单目标

课程思政	思政元素	1. 通过国内外行业软件比对，培养学生实事求是的态度； 2. 通过日常卫生打扫，培养学生职业素养
课程目标	能力目标	1. 通过小组协作互助，培养良好的团队合作能力； 2. 通过软件安装，培养良好的动手操作能力
	技术目标	能够根据工单要求，完成相应环境搭建
	知识目标	通过 Navicat 可视化工具连接数据库

四、执行步骤

（一）通过 Navicat 可视化工具连接数据库

通过 Navicat 可视化工具进行数据库连接，通过上个工单任务中安装的账户和密码进行数据库连接，如图 6.1.1 所示。完成连接名和密码输入并连接测试，连接成功即表明已经通过 Navicat 连接上本机的 MySQL 数据库了，如图 6.1.2 所示。

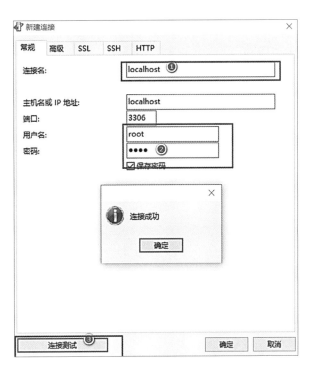

图 6.1.1　创建新建连接

图 6.1.2　写入连接信息

数据库连接成功后，创建数据库 recommendsystem，如图 6.1.3、图 6.1.4 所示。

图 6.1.3　新建数据库

图 6.1.4　数据库基本信息

　　数据库创建完毕后，打开数据库，通过运行 SQL 文件，将 4 张表导入数据库，效果如图 6.1.5 所示。选择相对应的 recommend-system.sql 文件进行引入，如图 6.1.6 所示。

图 6.1.5　运行 SQL 文件

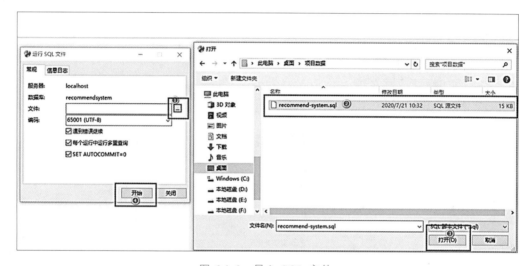

图 6.1.6　导入 SQL 文件

数据成功导入如图 6.1.7 所示。

刷新数据库，可以获得 4 张表，如图 6.1.8 所示。

图 6.1.7　导入 SQL 文件结果图

图 6.1.8　数据库表单

知识点

四张表内容分别为推荐专业表 profession、学生用户表 student、类型表 types、问题表 questions。

推荐专业表对应字段为：id、name、type、professional

学生用户表对应字段为：id、username、phone、password、province、city

类型表对应字段为：id、type、title、characteristic

问题表对应字段为：id、content、type

任务 1　Springboot 项目创建

Springboot 项目创建

一、基本信息（见表 7.1.1）

表 7.1.1　基本信息

工单编号	01-10	工单名称	Springboot 项目创建
建议学时	2	所属任务	Springboot 项目
环境要求		Win 10 环境、具备 MySQL 开发环境、Navicat 工具等	

二、工单介绍

创建 springboot 项目。

三、工单目标（见表 7.1.2）

表 7.1.2　工单目标

课程思政	思政元素	1. 通过国内外行业软件比对，培养学生实事求是的态度； 2. 通过日常卫生打扫，培养学生职业素养
课程目标	能力目标	1. 通过小组协作互助，培养良好的团队合作能力； 2. 通过软件安装，培养良好的动手操作能力
	技术目标	能够根据工单要求，完成相应环境搭建
	知识目标	掌握创建 Springboot 项目

四、执行步骤

（1）创建 springboot 项目，并完成后续依赖引用。

打开 idea，通过 create new project 创建一个新的 springboot 项目，命名为 recommendsystem，步骤如图 7.1.1 ~ 图 7.1.4 所示。

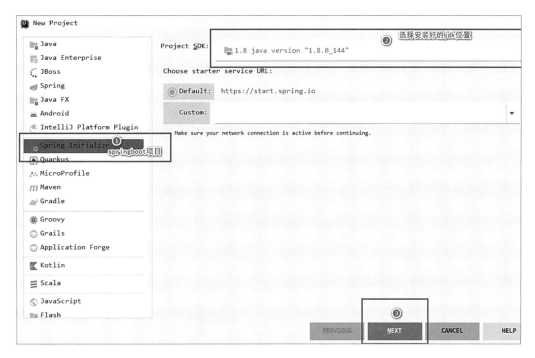

图 7.1.1   创建 Springboot 项目

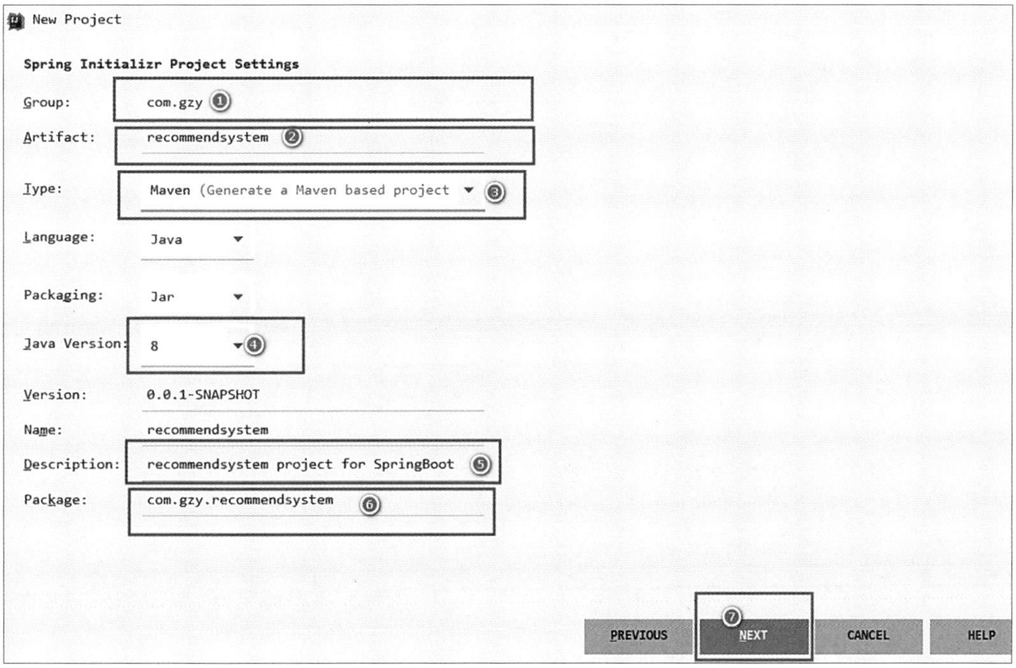

图 7.1.2   创建环境选择

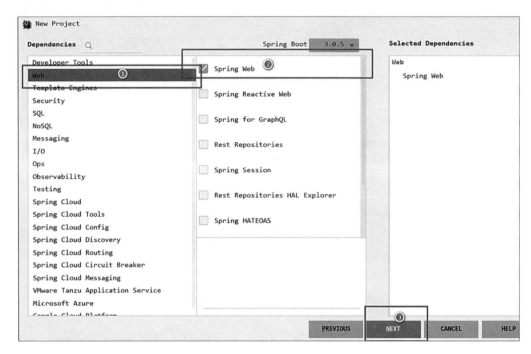

图 7.1.3 创建 Springboot 项目

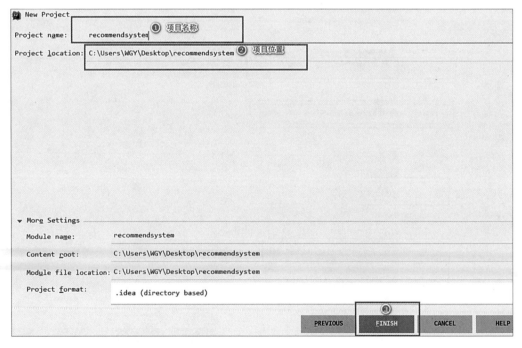

图 7.1.4 Springboot 项目位置

（2）项目实例如图 7.1.5 所示。

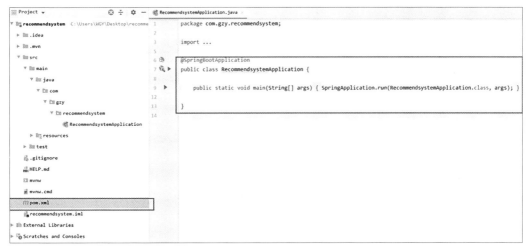

图 7.1.5　项目示例

任务 2　数据库的连接

数据库的连接

一、基本信息（见表 7.2.1）

表 7.2.1　基本信息

工单编号	01-11	工单名称	数据库的连接
建议学时	2	所属任务	数据准备
环境要求		Win 10 环境、具备 MySQL 开发环境、Navicat 工具等	

二、工单介绍

（1）Idea 连接数据库，并且得到配置文件中的 URL。

（2）配置项目中连接数据库的.xml 文件。

三、工单目标（见表 7.2.2）

表 7.2.2　工单目标

课程思政	思政元素	1. 通过国内外行业软件比对，培养学生实事求是的态度； 2. 通过日常卫生打扫，培养学生职业素养
课程目标	能力目标	1. 通过小组协作互助，培养良好的团队合作能力； 2. 通过软件安装，培养良好的动手操作能力
	技术目标	能够根据工单要求，完成相应环境搭建
	知识目标	1. 掌握 idea 连接数据库； 2. 掌握 Springboot 项目配置文件方法

四、执行步骤

(一) idea 连接数据库

打开 idea 已创建新的 springboot 项目，idea 连接数据库，检验连接是否成功，并且获得配置文件中的 URL，步骤如图 7.2.1 和图 7.2.2 所示。

图 7.2.1　idea 连接数据库

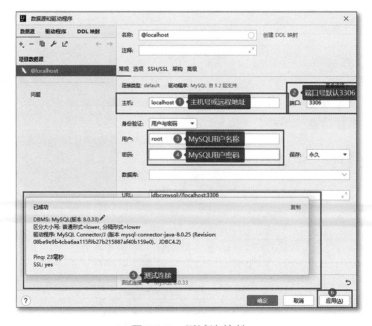

图 7.2.2　测试连接性

通过检测连接性，可知数据库的连接是否成功，并且可通过 idea 数据库可视化查看数据，如图 7.2.3 所示。

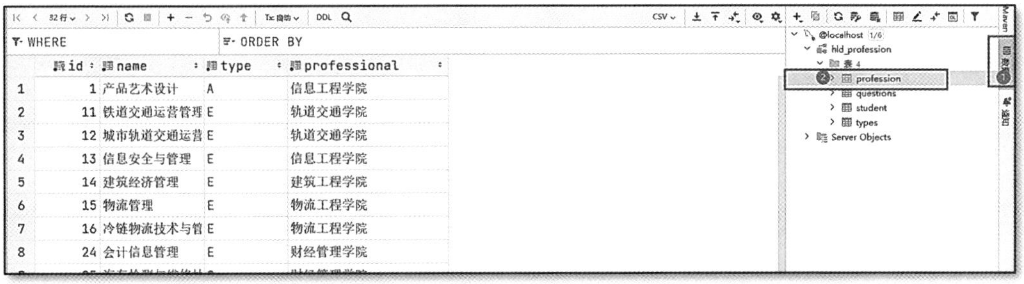

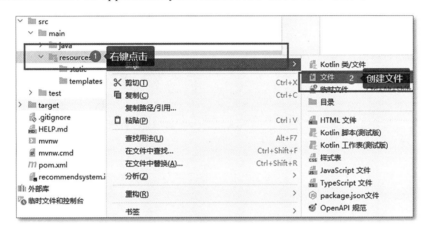

图 7.2.3　idea 数据库可视化

（二）springboot 项目连接数据库

创建连接数据库的 application.yaml 配置文件，如图 7.2.4 所示。

图 7.2.4　创建连接数据库配置文件

文件创建成功，并且写入数据库配置代码，如图 7.2.5 所示。

```
spring:
  datasource:
    #数据库用户名
    username: root
    #数据库密码
    password: 123456
    #本机地址/数据库名? 时区参数
    url: jdbc:mysql://localhost:3306/hld_profession?useUnicode=true&characterEncoding=UTF-8&serverTimezone=Asia/Shanghai
```

```
    driver-class-name: com.mysql.cj.jdbc.Driver
server:
    #运行端口号
    port: 8889
```

图 7.2.5　连接数据库的配置

　　数据库配置文件完成，并且在项目根目录下的 pom.xml 文件中添加数据库的依赖，如图 7.2.6 所示。

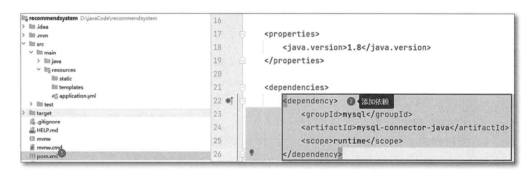

图 7.2.6　项目添加数据库的依赖

 知识点

springboot 连接数据库采用数据库连接池的好处如下：

（1）资源重用。

避免了频繁创建、释放连接引起的大量性能开销，在减少系统消耗的基础上，也增进了系统运行环境的平稳性。

（2）更快的系统响应速度。

在数据库初始化过程中，就已经创建好若干数据库连接。此时连接的初始化工作均已完成。对于业务请求处理而言，直接利用现有可用连接，避免了数据库连接初始化和释放过程的时间开销，从而缩减了系统整体响应时间。

（3）统一的连接管理，避免数据库连接泄漏。

在较为完备的数据库连接池实现中，可根据预先的连接占用超时设定，强制收回被占用连接，从而避免了常规数据库连接操作中可能出现的资源泄漏。

任务 3　登录接口 API 搭建

登录接口 API 搭建

一、基本信息（见表 7.3.1）

表 7.3.1　基本信息

工单编号	01-12	工单名称	登录接口 API
建议学时	2	所属任务	Springboot 项目
环境要求		Win 10 环境、具备 MySQL 开发环境、Navicat 工具等	

二、工单介绍

1. Axios 请求配置以及两种发送请求方法（GET，POST）。
2. 登录界面的请求发送。
3. 跨域问题（CORS）和登录接口 API。

三、工单目标（见表 7.3.2）

表 7.3.2　工单目标

课程思政	思政元素	1. 通过国内外行业软件比对，培养学生实事求是的态度； 2. 通过日常卫生打扫，培养学生职业素养
课程目标	能力目标	1. 通过小组协作互助，培养良好的团队合作能力； 2. 通过软件安装，培养良好的动手操作能力
	技术目标	能够根据工单要求，完成相应环境搭建
	知识目标	1. 掌握 Axios 发送请求的概念； 2. 掌握跨域问题的解决方法； 3. 掌握登录接口的 API 方法

四、执行步骤

（一）Axios 请求配置以及两种发送请求方法（GET，POST）

打开 HBluiderX 项目，选择需要使用 Axios 函数的文件，在头文件加入 Axios 引用（注：Axios 方法的引用放置位置需要在使用 Axios 函数之前，否则失效），代码如下，如图 7.3.1 所示。

```
//Axios 方法的引用
    <script src="https://cdn.bootcdn.net/ajax/libs/axios/0.19.2/
axios.min.js"></script>
```

图 7.3.1　引入 Axios 文件

1. GET 请求方法

网络请求方式分为两种，其中一种为 URL 地址传参方式，即 GET 请求方式，使用代码如下，如图 7.3.2 所示。

```
//网络请求
axios({
    //请求方法
    method: "GET",
    //请求地址
    url: '/basic/login',
    //传输数据
    data: JSON.stringify(data),
    //'headers' 是服务器响应头
    headers: {
        'Content-Type': 'application/json;charset=UTF-8', //
指定消息格式
    },
}).then((res) => {
    //验证通过
}).catch((err) => {
    //请求失败
    console.log(err.data)
    layer.msg('网络问题，请联系管理员', {icon: 5, time: 1000});
});
```

```
recommend-system-web    61    <script>
> css                   62        layui.use(['form'], function() {
> img                   63            var form = layui.form,
> js                    64                layer = layui.layer;
  index.html            65            // 进行登录操作
  login.html            66            form.on('submit(login)', function(data) {
  questions.html        67                data = data.field;
  result.html           68                //网络请求
                        69                axios({
                        70                    //请求方法
                        71                    method: "GET",
                        72                    //请求地址: 端口/api
                        73                    url: 'localhost:8888/basic/login',
                        74                    //传输数据
                        75                    data: JSON.stringify(data),
                        76                    //'headers' 是服务器响应头
                        77                    headers: {
                        78                        'Content-Type': 'application/json;charset=UTF-8', //指定消息格式
                        79                    },
                        80                }).then((res) => {
                        81                    //验证通过
                        82                }).catch((err) => {
                        83                    //请求失败
                        84                    console.log(err.data)
                        85                    layer.msg('网络问题，请联系管理员', {
                        86                        icon: 5,
                        87                        time: 1000
                        88                    });
                        89                });
                        90                return false;
                        91            });
                        92        });
                        93    </script>
```

图 7.3.2　Axios 请求 GET 方法

2. POST 请求方法

POST 请求是第二种网络请求方式。此请求 URL 不会暴露我们的信息，浏览器会保存我们的上下报文，所以登录页面网络请求用此方式，其代码和 GET 请求类同，如图 7.3.3 所示。

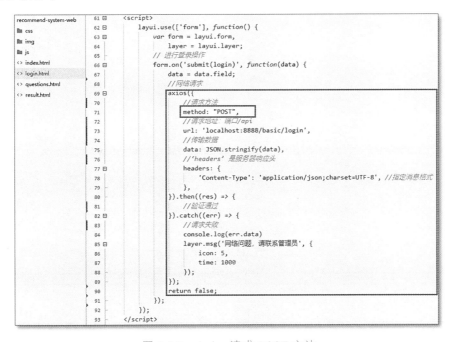

```
recommend-system-web    61    <script>
  css                   62        layui.use(['form'], function() {
  img                   63            var form = layui.form,
  js                    64                layer = layui.layer;
  index.html            65            // 进行登录操作
  login.html            66            form.on('submit(login)', function(data) {
  questions.html        67                data = data.field;
  result.html           68                //网络请求
                        69                axios({
                        70                    //请求方法
                        71                    method: "POST",
                        72                    //请求地址: 端口/api
                        73                    url: 'localhost:8888/basic/login',
                        74                    //传输数据
                        75                    data: JSON.stringify(data),
                        76                    //'headers' 是服务器响应头
                        77                    headers: {
                        78                        'Content-Type': 'application/json;charset=UTF-8', //指定消息格式
                        79                    },
                        80                }).then((res) => {
                        81                    //验证通过
                        82                }).catch((err) => {
                        83                    //请求失败
                        84                    console.log(err.data)
                        85                    layer.msg('网络问题，请联系管理员', {
                        86                        icon: 5,
                        87                        time: 1000
                        88                    });
                        89                });
                        90                return false;
                        91            });
                        92        });
                        93    </script>
```

图 7.3.3　Axios 请求 POST 方法

不管是 GET 请求还是 POST 请求的 URL（请求地址），在 HBuilder 和 springboot 共同完成的项目，必然会遇到跨域问题。

（二）登录界面的请求发送

以往章节通过 layui 框架的前端表格页面，继续对其进行表格数据的获取以及发送，代码如下。（见图 7.3.4）

```
......
<script>
    layui.use(['form'], function() {
        var form = layui.form,
            layer = layui.layer;
        // 进行登录操作
        form.on('submit(login)', function(data) {
            data = data.field;
            if (data.phone == '') {
                layer.msg('用户名不能为空', {
                    icon: 5,
                    time: 1000
                });
                return false;
            }
            if (data.password == '') {
                layer.msg('密码不能为空', {
                    icon: 5,
                    time: 1000
                });
                return false;
            }
            //网络请求
            axios({
                method: "POST",
                url: 'http://127.0.0.1:8888/basic/login',
                data: JSON.stringify(data),
                headers: {
                    'Content-Type': 'application/json;charset=
UTF-8', //指定消息格式
```

```
        },
    }).then((res) => {
        console.log(res.data.code)
        if (res.data.code === 0) {
            layui.sessionData('user', {
                key: 'user',
                value: res.data.data
            });
            window.location = './questions.html';

        } else if (res.data.code === 999) {
            //管理员登录
            layui.sessionData('user', {
                key: 'user',
                value: res.data.data
            });
            window.location = './export.html';
        } else {
            layer.msg(res.data.msg, {
                icon: 5,
                time: 1000
            });
        }
    }).catch((err) => {
        console.log(err.data)
        layer.msg('网络问题,请联系管理员', {
            icon: 5,
            time: 1000
        });
    });
    return false;
    });
});
</script>
.....
```

```
recommend-system-web
  > css
  > img
  > js
  <> index.html
  <> login.html
  <> questions.html
  <> result.html

60  ipt> -->
61  <script>
62      layui.use(['form'], function () {        ❶ 获取表单索引
63          var form = layui.form,
64              layer = layui.layer;
65          // 进行登录操作
66          form.on('submit(login)', function (data) {   ❷ 获取表单数据
67              data = data.field;
68              if (data.phone == '') {
69                  layer.msg('用户名不能为空', {icon: 5, time: 1000});
70                  return false;
71              }                              ❸ 账号密码不能为空
72              if (data.password == '') {
73                  layer.msg('密码不能为空', {icon: 5, time: 1000});
74                  return false;
75              }
76              //网络请求
77              axios({
78                  method: "POST",                 ❹ POST请求以及跨域
79                  url: 'http://127.0.0.1:8888/basic/login',
80                  data: JSON.stringify(data),
81                  headers: {
82                      'Content-Type': 'application/json;charset=UTF-8',  //
83                  },
84              }).then((res) => {  ❺ 请求通过
85                  console.log(res.data.code)
86                  if (res.data.code === 0) {
87                      layui.sessionData('user', {
88                          key: 'user'
89                          , value: res.data.data
90                      });
91                      window.location = './questions.html';
92
93                  } else if (res.data.code === 999) {
94                      //管理员登录
95                      layui.sessionData('user', {
96                          key: 'user'
97                          , value: res.data.data
98                      });
99                      window.location = './export.html';
100                 } else {
101                     layer.msg(res.data.msg, {icon: 5, time: 1000});
102                 }
103             }).catch((err) => {  ❻ 请求失败
104                 console.log(err.data)
105                 layer.msg('网络问题，请联系管理员', {icon: 5, time: 1000});
106             });
107             return false;
108         });
109     });
110
111
112  </script>
```

图 7.3.4　登录代码展示

　　运行其 HBuilderX 项目，出现用户名或者密码为空的验证，说明第一步普通验证已完成，如图 7.3.5 所示。

图 7.3.5　登录拦截

（三）跨域问题（CORS）和登录接口 API

以上任务已经通过 Axios 抛出了请求，接下来进行 springboot 项目登录接口 API，完成请求数据的接收。以上发送请求，不管是 GET 请求还是 POST 请求，都有 URL 参数选项，Axios 请求地址在 springboot 项目中的控制器（建立 BasicController.java 文件），如图 7.3.6 所示。

图 7.3.6　创建控制器文件

1. 跨域问题（CORS）

在上面任务中最后提及，不管是 GET 请求还是 POST 请求，在 HBuilder 和 springboot 共同完成的项目，必然会遇到跨域问题。而在这跨域问题中，不仅需要 HBuilderX 项目前端的配合，而且还要进行后端 springboot 项目的设置。

HBuilderX 项目前端的配置，URL 前加入后端接口 API 的地址（本机 localhost 的 IP 为"127.0.0.1：端口号"，若连接服务器，则需要为"服务器地址：端口号"），如图 7.3.7 所示。

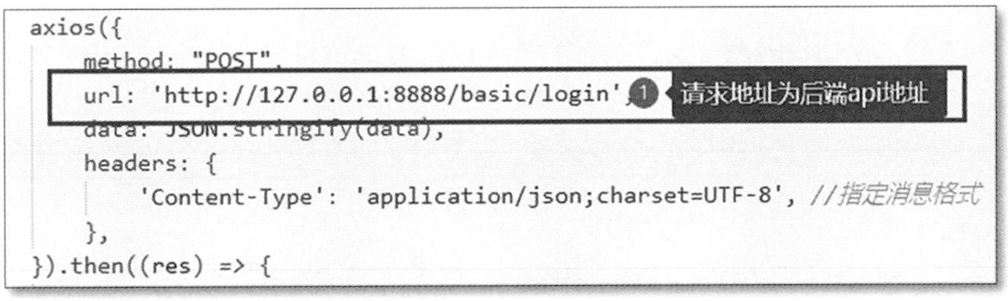

```
axios({
    method: "POST",
    url: 'http://127.0.0.1:8888/basic/login'  ① 请求地址为后端api地址
    data: JSON.stringify(data),
    headers: {
        'Content-Type': 'application/json;charset=UTF-8', //指定消息格式
    },
}).then((res) => {
```

图 7.3.7　请求后端地址

085

Springboot 项目 idea 中后端 API 的配置，需要在跨域的文件 BasicController.java 中加入如下代码，如图 7.3.8 所示。

```
//@CrossOrigin是Spring Framework提供的注解，用于解决跨域问题
@CrossOrigin(origins = "*",maxAge = 3600)
@RequestMapping(value="/映射名", method = RequestMethod.POST)
```

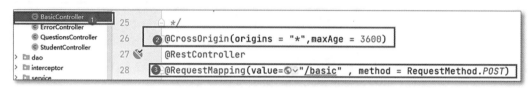

图 7.3.8　Springboot 设置跨域问题

2. 登录接口 API

Axios 请求地址可以用@RequestMapping 来处理请求地址映射，而对于 POST 或者 GET 请求的方式，选择@PostMapping 或者@GetMapping。以下代码是以处理 POST 请求为例。

```
//地址映射
  @RequestMapping("/basic", method = RequestMethod.POST)
public String BasicController(){
      //处理 post 请求的映射
   @PostMapping("/login")
   public Result login(){


   }
}
```

登录接口 api 的代码写入，其中接口只作为登录接口的数据对比。basicService 的服务中，通过查询数据库 Student 表中学生的电话号码来查找学生信息，作为登录的验证，如图 7.3.9 所示。

```
......
@PostMapping("/login")
//登录接口 api
public Result login(@RequestBody Student s, HttpServletRequest
request) {
    //通过 basicService 的服务中通过查询 Student 表中学生的电话号码来
查找学生信息
    Student student = basicService.findStudentByPhone(s);
    //信息不为空
    if (student == null) {
       return ResultUtil.error(1, "没有该用户");
    }
```

```
//代码行中找到的学生信息，该行代码将其保存在会话中，
//以便后续的请求或其他组件可以访问该学生信息。
request.getSession().setAttribute("student", student);
//登录验证
if (student.getPassword().equals(s.getPassword())) {
    //登录成功
    return ResultUtil.success(student);
} else {
    //密码不对
    return ResultUtil.error(1, "输入的密码不正确");
}
}
......
```

图 7.3.9　登录接口 API

📋 知识点

1. Axios 中两种请求方式（GET 请求和 POST 请求）的区别

HTTP 协议中的请求方法有多种，其中最常用的是 GET 请求和 POST 请求。GET 和 POST 请求方法的主要区别在于它们的数据传输方式、安全性和语义上的不同。

- 数据传输方式

GET 请求将所有的请求参数（键值对）都放在 URL 的查询字符串中，而 POST 请求则将请求参数放在请求体中，以消息体的形式传递给服务端。因此，GET 请求的参数有长度限制（通常为 2048 个字符），而 POST 请求则没有。

- 安全性

由于 GET 请求将参数明文放在 URL 中，因此数据传输过程中容易被拦截、篡改或泄漏，安全性较低。而 POST 请求将参数放在请求体中，相对于 GET 请求，更加安全。

- 语义上的不同

GET 请求通常用于请求资源，而不改变服务器状态或产生其他副作用；而 POST 请求通常用于向服务器提交数据，通常会产生状态改变或其他副作用。

另外，GET 请求可以被浏览器缓存，而 POST 请求则不能。

综上所述，GET 请求适合请求数据量较小的资源，或者是只读操作，而 POST 请求适合提交数据或者进行修改、删除等操作。但在实际开发中，需要根据具体场景选择合适的请求方法，以满足业务需求和安全要求。

2. 什么是跨域问题？

跨域问题（Cross-Origin Resource Sharing，CORS），是由于浏览器的同源策略（Same-Origin Policy）导致的一种常见的网络安全问题。同源策略指的是浏览器只允许从同一域名、端口和协议下加载的资源进行交互，而不允许跨域加载或交互。

当客户端使用 XMLHttpRequest 或 Fetch API 等技术向不同源的服务器发送请求时，由于同源策略的限制，浏览器会阻止跨域请求的响应数据被读取，从而导致客户端无法获取服务器的响应结果。为了解决这个问题，需要通过特定的方式进行跨域访问授权，其中最常用的方式是 CORS。

举例说明，在网站 A 的页面中，通过 JavaScript 向网站 B 发出 HTTP 请求获取数据，由于 B 和 A 的域名不同，浏览器会拒绝此请求，这就是跨域问题。

五、参考资料

Axios 使用手册：www.axios-http.cn/docs/intro

项目 8 注册接口编写

任务 1 注册页面创建

注册页面创建

一、基本信息（见表 8.1.1）

表 8.1.1 基本信息

工单编号	01-13	工单名称	注册页面创建
建议学时	2	所属任务	前端页面
环境要求		Win 10 环境、具备 MySQL 开发环境、Navicat 工具等	

二、工单介绍

1. HBuilderX 创建注册页面以及注册页面跳转。
2. 注册页面代码写入。

三、工单目标（见表 8.1.2）

表 8.1.2 工单目标

课程思政	思政元素	1. 通过国内外行业软件比对，培养学生实事求是的态度； 2. 通过日常卫生打扫，培养学生职业素养
课程目标	能力目标	1. 通过小组协作互助，培养良好的团队合作能力； 2. 通过软件安装，培养良好的动手操作能力
	技术目标	能够根据工单要求，完成相应环境搭建
	知识目标	1. 掌握页面跳转的基本原理； 2. 掌握注册页面的基本布局

四、执行步骤

（一）HBuilderX 创建注册页面以及注册页面跳转

1. 创建注册页面

在以往建立的 HBuilder 项目中创建 register.html 页面，并在生成界面写入"注册页面"字样，如图 8.1.1 以及图 8.1.2 所示。

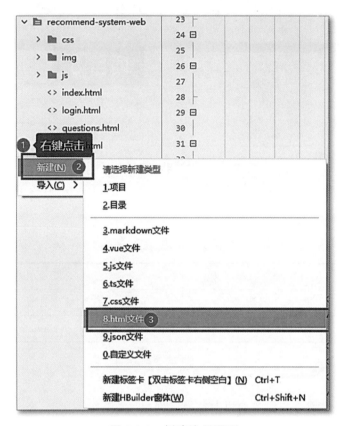

图 8.1.1　新建注册页面

图 8.1.2　新建注册页面

2. 创建登录页面跳转按钮

在登录界面下面加入注册按钮，代码如下（如图 8.1.3 所示）。

```
<button class="layui-btn layui-btn-fluid layui-bg-red" lay-
submit="" lay-filter="register">注册</button>
```

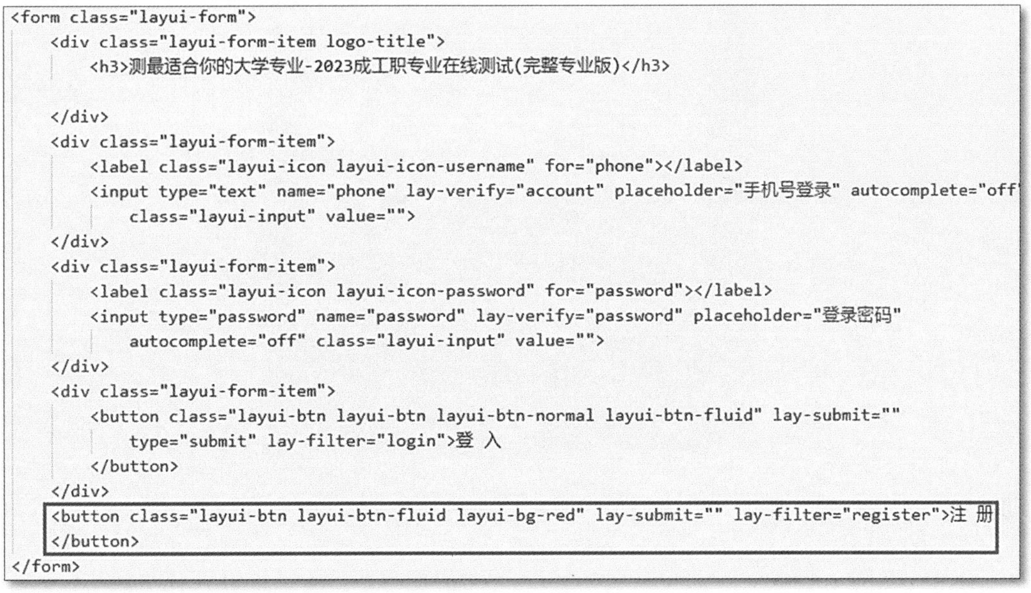

```
<form class="layui-form">
    <div class="layui-form-item logo-title">
        <h3>测最适合你的大学专业-2023成工职专业在线测试(完整专业版)</h3>

    </div>
    <div class="layui-form-item">
        <label class="layui-icon layui-icon-username" for="phone"></label>
        <input type="text" name="phone" lay-verify="account" placeholder="手机号登录" autocomplete="off"
            class="layui-input" value="">
    </div>
    <div class="layui-form-item">
        <label class="layui-icon layui-icon-password" for="password"></label>
        <input type="password" name="password" lay-verify="password" placeholder="登录密码"
            autocomplete="off" class="layui-input" value="">
    </div>
    <div class="layui-form-item">
        <button class="layui-btn layui-btn layui-btn-normal layui-btn-fluid" lay-submit=""
            type="submit" lay-filter="login">登 入
        </button>
    </div>
    <button class="layui-btn layui-btn-fluid layui-bg-red" lay-submit="" lay-filter="register">注 册
    </button>
</form>
```

图 8.1.3　注册页面跳转按钮

按钮生成成功，并在<script>双标签内写入触发按钮跳转的命令，代码如下（如图 8.1.4 所示）。

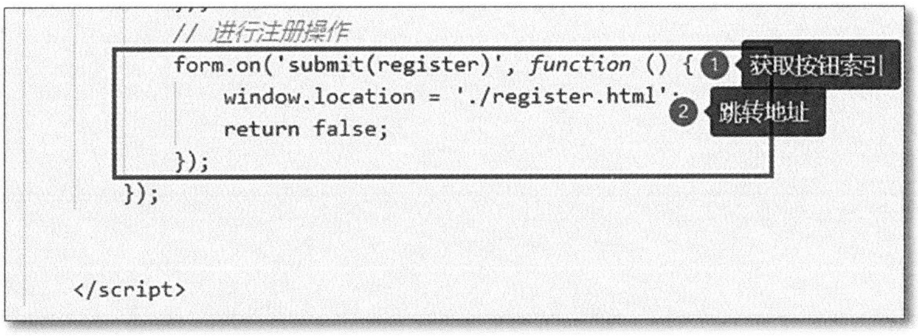

```
<script>
        ......
        // 进行注册操作
        form.on('submit(register)', function () {
            //地址跳转，跳转地址为注册页面地址
            window.location = './register.html';
            return false;
        });
        ......
</script>
```

图 8.1.4　注册页面跳转操作

项目运行测试如图 8.1.5 和图 8.1.6 所示。

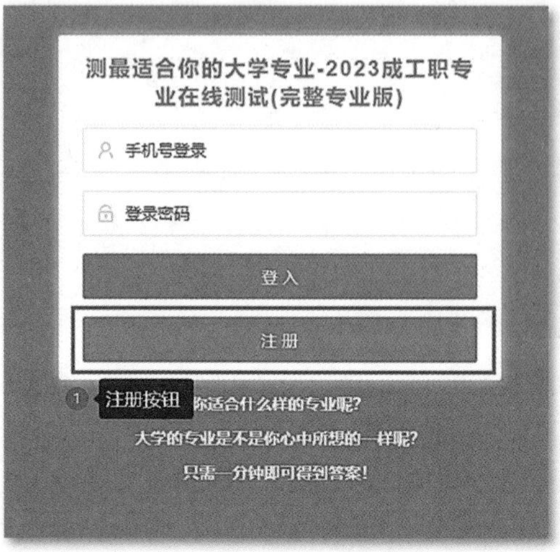

图 8.1.5 注册按钮展示

图 8.1.6 注册页面字样

（二）注册页面代码写入

在建立好的 HBuilderX 项目中的 register.html 页面，在<body>双标签中写入注册页面的前端代码。

```
<body>
    <div class="layui-container layui-row" style="top: 14%">
            <div id="main" class=" layui-col-xs10 layui-col-
xs-offset1 layui-col-sm6 layui-col-sm-offset3 layui-col-md4 layui-
col-md-offset4">
                <form class="layui-form login-form" lay-filter=
"testF">
                    <div class="layui-form-item logo-title">
                        <h1>注册</h1>
                    </div>
                    <div class="layui-form-item">
```

```
                    <label class="layui-form-label">真实姓名
</label>
                    <div class="layui-input-block">
                        <input type="text" name="username"
autocomplete="off" placeholder="请输入真实姓名" class="layui-input "
value="">
                    </div>
                </div>

                <div class="layui-form-item">
                    <label class="layui-form-label">用户密码
</label>
                    <div class="layui-input-block">
                        <input type="text" name="password"
autocomplete="off" placeholder="请输入密码(初始密码666666)" class=
" layui-input " value="">
                    </div>
                </div>

                <div class="layui-form-item">
                    <label class="layui-form-label">联系方式
</label>
                    <div class="layui-input-block">
                        <input type="text" name="phone"
autocomplete="off" placeholder="请输入手机号" class="layui-input
" value="">
                    </div>
                </div>

                <div class="layui-form-item">
                    <label class="layui-form-label">年龄</label>
                    <div class="layui-input-block">
                        <input type="text" name="age" lay-verify=
"required|number" autocomplete="off" placeholder="请输入年龄"
class="layui-input " value="">
                    </div>
                </div>
```

```
                <div class="layui-form-item">
                    <div class="layui-fluid">
                        <div class="layui-row">
                            <button  class="layui-btn  layui-
col-sm6 layui-col-sm-offset3 layui-col-xs6 layui-col-xs-offset3"
                                  type="submit" lay-submit
                                  lay-filter="register"
@click.prevent="">注册
                            </button>
                        </div>
                    </div>
                </div>

            </form>
        </div>
    </div>
</body>
```

前端代码写入完成后，在<style>双标签中进行样式调整。前面章节提到使用 layui 框架，因此我们需要在样式的前面引用 layui 框架的 layui.css 文件，代码如下。

```
//引用 layui 框架的 layui.css
<link rel="stylesheet" href="js/layui/css/layui.css" media="all">
        //样式格式
        <style>
        html,
        body {
            width: 100%;
            height: 100%;
        }
        body {
            background: #1E9FFF;
        }
        .logo-title {
            text-align: center;
            letter-spacing: 2px;
```

```
        }
        .logo-title h1 {
            color: #1E9FFF;
            font-size: 18px;
            font-weight: bold;
        }
        .login-form {
            background-color: #fff;
            border: 1px solid #fff;
            border-radius: 3px;
            padding: 10px;
            box-shadow: 0 0 8px #eeeeee;
        }
        .layui-form-label {
            float: left;
            display: block;
            padding: 9px 5px;
            width: 80px;
            font-weight: 400;
            line-height: 20px;
            text-align: right;
        }
    </style>
```

到此注册页面全部完成，运行其 HBuilderX 项目如图 8.1.7 所示。

图 8.1.7　注册页面

任务 2　注册页面 API

注册页面 API

一、基本信息（见表 8.2.1）

表 8.2.1　基本信息

工单编号	01-14	工单名称	注册页面 API
建议学时	2	所属任务	Springboot 项目
环境要求		Win 10 环境、具备 MySQL 开发环境、Navicat 工具等	

二、工单介绍

1. HBuilderX 注册页面限制条件。
2. 前端网络请求及注册接口 API。
3. Springboot 项目算法导入。

三、工单目标（见表 8.2.2）

表 8.2.2　工单目标

课程思政	思政元素	1. 通过国内外行业软件比对，培养学生实事求是的态度； 2. 通过日常卫生打扫，培养学生职业素养
课程目标	能力目标	1. 通过小组协作互助，培养良好的团队合作能力； 2. 通过软件安装，培养良好的动手操作能力
	技术目标	能够根据工单要求，完成相应环境搭建
	知识目标	1. 掌握输入框限制条件的方法； 2. 掌握请求方法； 3. 掌握实际算法导入

四、执行步骤

（一）HBuilderX 注册页面限制条件

1　注册信息为空检测

不管在注册页面还是在登录页面，都必须检测表单是否为空，其最主要的目的是保证用户安全（第 7 章讲到获取表单数据，这章就不过多赘叙述）。以姓名不为空为例，其余方法类同，不一一展示。代码如下，如图 8.2.1 所示。

```
layui.use(['form', 'layer'], function() {
        form = layui.form;
        layer = layui.layer;
        //注册
        form.on('submit(register)', function(data) {
            data = data.field;
            // console.log(data)

            if (data.username == '') {
                layer.msg('真实姓名不能为空', {
                    icon: 5,
                    time: 1000
                });
                return false;
            }
        });
    });
```

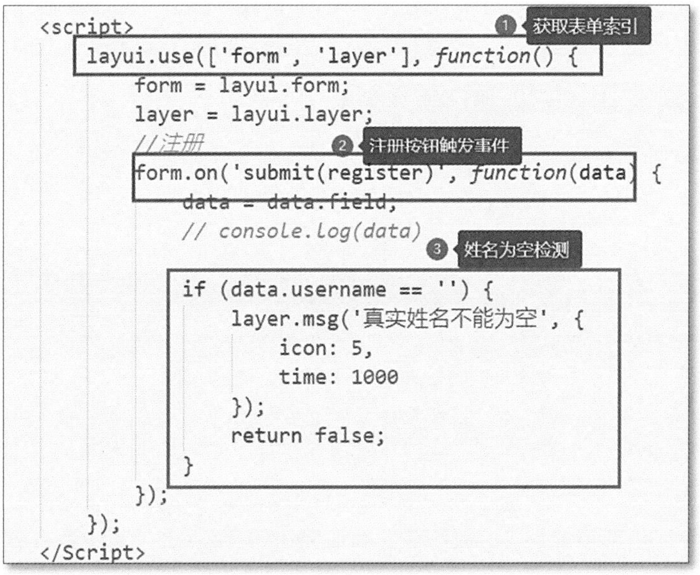

图 8.2.1　文本框限制判定

HBuilder 项目运行展示如图 8.2.2 所示。

图 8.2.2　限制条件判定

2. 注册信息字段符合检测

在注册页面往往都会出现字段符合需求检测，例如，手机号填写只能出现 11 位数字，而不能出现字母符号以及非法字符。下面以名字符号检测为例，写法说明如下：

```
var nameReg =/^[\限制类型下限-\限制类型上限]{限制最小个数,限制最大
个数}$/;
```

代码\u4E00-\u9FA5 是一个中文的 Unicode 编码范围，包含了汉字和其他一些中文字符。它的意思是从 U+4E00 开始，到 U+9FA5 结束，共计 20902 个字符。这些字符覆盖了中文常用的汉字、部首、标点符号等。代码如下，如图 8.2.3 所示。

```
<script>
layui.use(['form', 'layer'], function () {
   form.on('submit(register)', function (data) {
   ......
    //名字字段符合检测
    var nameReg = /^[\u4E00-\u9FA5]{2,4}$/;
          if (!nameReg.test(data.username)) {
             layer.msg('请输入正确的姓名', {icon: 5, time: 1000});
                   return false;
           }
   ......
   });
});
</script>
```

图 8.2.3   限制条件判定

（二）前端页面网络请求及注册接口 API

1. 前端页面网络请求

在前面登录界面的网络请求中已经详细介绍了 POST 和 GET 请求，注册页面同样采用 Axios 中的 POST 请求，其中需要着重注意的依旧是跨域问题。注册页面数据的收集依旧采用 layui 表单手机方式（和登录页面数据同类）。为方便用户使用，在注册页面完成注册后直接跳转至完成登录页面，网络请求代码如下，如图 8.2.4 所示。

```
<script>
layui.use(['form', 'layer'], function () {
    form.on('submit(register)', function (data) {
    ......
//网络请求
axios({
    method: "POST",
    url: 'localhost:8888/basic/register',
    data: JSON.stringify(data),
    headers: {'Content-Type': 'application/json;charset=UTF-8',
//指定消息格式},
}).then((res) => {
    if (res.data.code === 0) {
    layer.msg('注册成功', {
    icon: 1,
    time: 1000
}, function () {
    layui.sessionData('user', {
    key: 'user', value: res.data.data});
```

```
window.location = './questions.html';
    return false;
});
} else {
    layer.msg(res.data.msg, {icon: 5, time: 1000});
    return false;
}
}).catch((err) => {
    console.log("注册失败")
    layer.msg('网络问题，请联系管理员', {icon: 5, time: 1000});
    return false;
});
    ......
    });
    });
    </script>
```

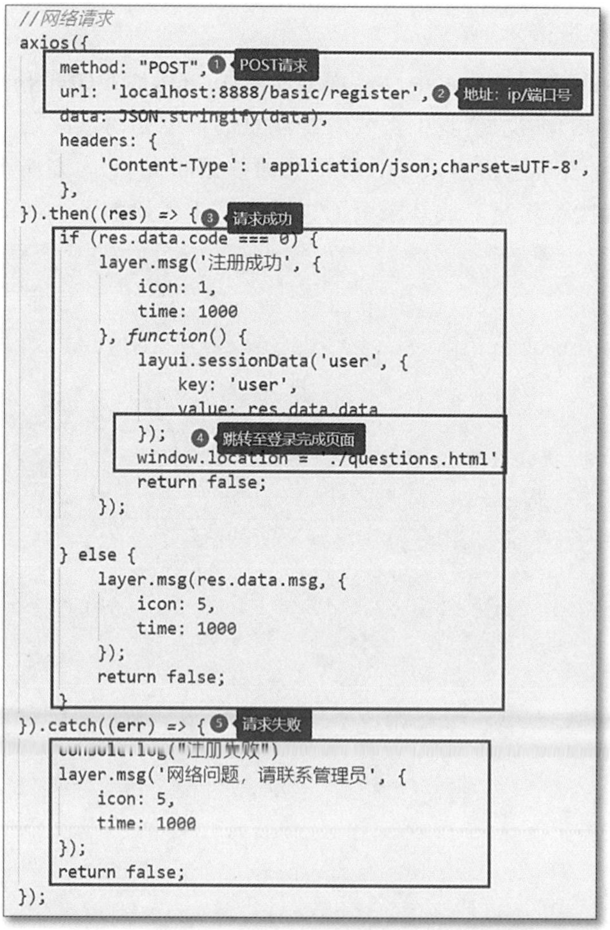

图 8.2.4　注册页面请求

3. 注册接口 API

前端网络请求已经完成数据的抛出，后端 springboot 项目注册 API 接口完成数据的写入。注册和登录接口都采用同样的请求方法，同样是跨域问题，因此为了达到代码复用性，注册接口和登录接口在同一个文件。

注册接口 API 前，不仅要完成用户信息的录入，还需对录入的电话号码做提前比对。因为电话号码具有唯一性，而使用数据也具有唯一性，这样才能避免数据的紊乱。上一章已具体说明跨域问题，在此不过多描述。注册页面 API 在 springboot 项目 BasicController.Java 中的代码如下，如图 8.2.5 所示。

```java
/**
 * 注册接口 api
 */
    ......
@PostMapping("/register")
public Result register(@RequestBody Student s, HttpServletRequest request) {
    //查询电话，如果电话相同就抛出用户已注册
    Student student = basicService.findStudentByPhone(s);
    if (student != null) {
        return ResultUtil.error(1, "该用户已注册");
    }
    //保存
    Student save = basicService.save(s);
    request.getSession().setAttribute("student", save);
    if (save == null) {
        return ResultUtil.error(1, "系统问题，请联系管理员");
    }
    return ResultUtil.success(save);
}
```

（三）Springboot 项目算法导入

虽然前端和后端 API 的配置已经完成，但是运行项目仍会出现报错问题，其主要原因是：分装好的 bean 算法类并未加载在项目中。将 bean 的压缩包解压到 controller 的同级目录下，如图 8.2.6 所示。

```
/**
 * 注册接口api
 */
@PostMapping("/register")①前端POST请求抛出地址名
public Result register(@RequestBody Student s, HttpServletRequest request) {
    // 查询电话，如果电话相同就抛出用户已注册
    Student student = basicService.findStudentByPhone(s);②查询数据
    if (student != null) {
        return ResultUtil.error( code: 1,  msg: "该用户已注册");
    }
                                        ③ 检验用户电话号码唯一性
    //保存
    Student save = basicService.save(s);④存储用户数据
    request.getSession().setAttribute( s: "student", save);
    if (save == null) { ⑤异常报错
        return ResultUtil.error( code: 1,  msg: "系统问题，请联系管理员");
    }
    return ResultUtil.success(save);
}
```

图 8.2.5　注册 API 接口

图 8.2.6　解压算法

最后运行项目就可以了，并且也达到了预期效果。

知识点

为什么要做注册信息的信息检测？

之所以要做注册信息的信息检索，是因为前端表单需要对表单数据进行限制，其目的主要是确保数据的合法性、正确性和安全性。

- 合法性

限制表单数据可以确保用户输入的数据符合特定的格式和类型。例如，如果表单要求用户输入邮件地址，则限制表单数据可以确保用户输入的内容符合邮件地址的格式。

- 正确性

限制表单数据可以防止用户误输入或输入错误的数据。例如，如果表单要求用户输入数字，则限制表单数据可以防止用户输入字符或其他非数字字符。

- 安全性

限制表单数据可以减少恶意攻击者对表单数据的滥用。例如，限制表单数据可以确保用户输入的内容不包含恶意代码或脚本，从而避免 XSS（跨站点脚本）攻击。

综上所述，限制表单数据可以提高前端表单的可靠性和安全性，从而确保表单数据的正确性和完整性。

五、参考资料

Bean.zip 算法包

任务 1　自建数据问题页面

自建数据问题页面

一、基本信息（见表 9.1.1）

表 9.1.1　基本信息

工单编号	01-15	工单名称	自建数据问题页面
建议学时	2	所属任务	前端项目
环境要求	Win 10 环境、具备 MySQL 开发环境、Navicat 工具等		

二、工单介绍

（1）HBuilderX 创建问题回答页面。

（2）自建数据问题页面构建。

三、工单目标（见表 9.1.2）

表 9.1.2　工单目标

课程思政	思政元素	1. 通过国内外行业软件比对，培养学生实事求是的态度； 2. 通过日常卫生打扫，培养学生职业素养
课程目标	能力目标	1. 通过小组协作互助，培养良好的团队合作能力； 2. 通过软件安装，培养良好的动手操作能力
	技术目标	能够根据工单要求，完成相应环境搭建
	知识目标	1. 掌握 vue 方法构建的问题页面方法； 2. 掌握请求方法； 3. 掌握构建 API 的方法

四、执行步骤

（一）HBuilderX 创建注册页面

1. 创建问题页面

在以往建立的 HBuilder 项目中创建 questions.html 页面，并在生成的界面中写入注册页面字样，如图 9.1.1 及图 9.1.2 所示。

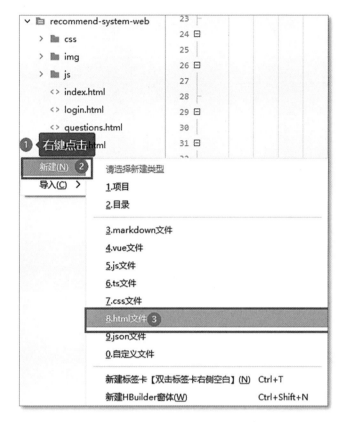

图 9.1.1　常见问题页面的构建

图 9.1.2　创建问题页面的选择

2. 问题页面前端编写

在 questions.html 问题页面写入前端代码，代码如下。

```
......
<body>
    <div style="text-align: right;" id="nav_top">
        <ul class="layui-nav layui-bg-blue ">
            <li class="layui-nav-item">
                <a href="#">测试结果</a>
            </li>
            <li class="layui-nav-item">
                <a href="#"><img src="img/avatar.png" class=
"layui-nav-img">姓名</a>
                <dl class="layui-nav-child">
                    <dd>
                        <a href="#">修改信息</a>
                    </dd>
                    <dd>
                        <a href="#">安全管理</a>
                    </dd>
                    <dd>
                        <a href="#">退了</a>
                    </dd>
                </dl>
            </li>
        </ul>
    </div>
    <form class="layui-form">
        <div   class="layui-container "  style="margin-top:
20px;margin-bottom: 20px;">
            <div class="layui-card shadow layui-card-body" >
                <div class="layui-form-item layui-row">
                    <label style="text-align: start;float: left">
问题 1: </label>

                    <div style="float: right">
                        <input type="radio" :name="item.id" value="0"
title="是">

                        <input type="radio" :name="item.id" value=
"1" title="否">
```

```
                    </div>
                </div>
            </div>
        </div>
        <div class="layui-form-item layui-row">
            <button type="submit"
                class="layui-btn layui-col-xs4 layui-col-xs-offset4
layui-col-sm4 layui-col-sm-offset4"
                lay-submit="" lay-filter="demo1">立即提交
            </button>
        </div>
    </form>
</body>
......
```

当然，使用 layui 组件须在文件头部加入样式引入，代码如下。

```
......
    <link rel="stylesheet" href="./js/layui/css/layui.css">
......
```

项目运行效果展示如图 9.1.3 所示。

图 9.1.3　问题页面的框架

登录页面跳转至此，注销功能也应显示本页面的导航框，以上代码建立<li>双标签注销按钮，在<script>双标签中通过页面的跳转实现注销功能，代码如下。

```
//layui 的框架引用
<script src="./js/layui/layui.js"></script>
<script>
    var form;
    //注意：导航 依赖 element 模块，否则无法进行功能性操作
    layui.use(['element', 'form'], function() {
        var element = layui.element;
```

```
        form = layui.form;
        form.on('submit(demo1)', function(data) {
            window.location = './result.html';
            return false;
        });
    });
</script>
```

（二）自建数据问题页面构建

从运行效果展示的页面不难看出，页面内只有一个问题，所以只生成了一个<label>双标签。生成的问题只有一个，但是实际工程往往不止一个，也不可能多少个问题生成多少个<label>双标签。一般数据的写入是通过数据库的循环而实现的，这里先通过自建数据模拟完成数据循环写入。

一般数据库通过 JSON 字符串的方式进行数据的传输，模拟数据 JSON 字符串，代码如下。

```
<script>
    //vue框架建立字符串
    var v = new Vue({
        el: '#questions',
        data: {
            infos: [{
                id: 1,
                content: "第一题题目内容",
                type: "A"
            }, {
                id: 2,
                content: "第二题题目内容",
                type: "B"
            }, {
                id: 3,
                content: "第三题题目内容",
                type: "C"
            }, {
                id: 4,
                content: "第四题题目内容",
```

```
                    type: "D"
                }]
            },
        })
    </script>
```

JSON 字符串借助 vue 框架执行生成，要把数据写入 vue 的 data 配置项中，还需配置 vue 头部引用，代码如下。

```
//引用 vue 框架
<script
src="https://cdn.bootcdn.net/ajax/libs/vue/2.6.11/vue.min.js">
</script>
```

至此，自建数据的写入已完成，继续进行数据的循环，以达到组件循环以及读取数据的目的。基于前面任务的代码，分别加入以下代码，如图 9.1.4 所示。

```
......
//id 中 questions 作为 vue 中 el 的索引，索引下的元素才能进行数据的调用
<div id="questions" class="layui-container " style="margin-top:
20px;margin-bottom: 20px;">
//v-for 数据 vue 框架的语句结构，其结构为 v-for="(自定义名称,index) in
JSON//字符串数据名">
<div class="layui-card shadow layui-card-body" v-for="(item,index)
in infos">
    <div class="layui-form-item layui-row">
        //vue 框架的数据调用，其结构是{{自定义名称.数据的名称}}
        <label style="text-align: start;float: left">{{item.id}}、
{{item.content}}</label>
        <div style="float: right">
        <input type="radio" :name="item.id" value="0" title="是">
        <input type="radio" :name="item.id" value="1" title="否">
                </div>
            </div>
        </div>
    </div>
......
```

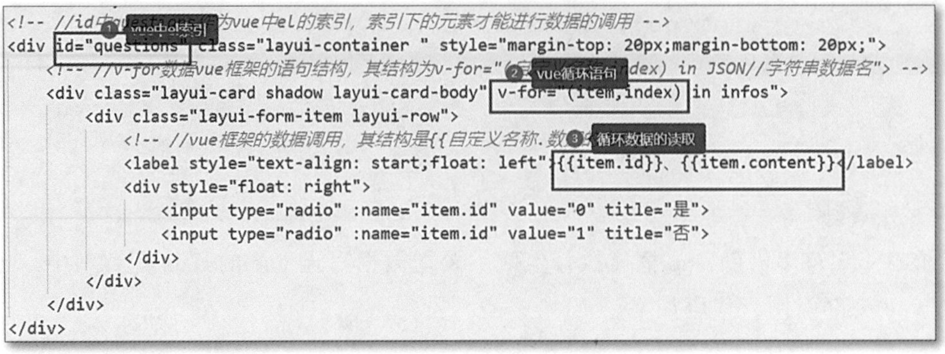

图 9.1.4　vue 方法循环执行

项目运行效果如图 9.1.5 所示。

图 9.1.5　自建数据问题页面

📑 知识点

什么是 JSON 字符串？JSON 格式又是什么？

JSON（JavaScript Object Notation）是一种轻量级的数据交换格式。它以易于阅读和编写的文本格式表示结构化的数据。JSON 字符串是符合 JSON 格式的字符串，可以在不同的编程语言之间进行数据交换和传输。

JSON 字符串的格式如下。

- 对象（Object）

使用花括号（{}）表示，包含一组无序的键值对。每个键值对由键和对应的值组成，键和值之间使用冒号（:）分隔，键值对之间使用逗号（,）分隔。键是一个字符串，值可以是字符串、数字、布尔值、对象、数组或 null。示例：{"name":"John", "age": 30}

- 数组（Array）

使用方括号（[]）表示，包含一组有序的值。每个值可以是字符串、数字、布尔值、对象、数组或 null，多个值之间使用逗号（,）分隔。示例：["apple", "banana", "orange"]

- 字符串（String）

由双引号（""）包围的一组字符序列，可以包含任意 Unicode 字符。示例："Hello, World!"

- 数字（Number）

表示整数或浮点数。示例：42，3.14

- 布尔值（Boolean）

表示真（true）或假（false）。

- 空值（Null）

表示空值或缺失值。

JSON 字符串的格式严格遵循以上规则，并且常用于前后端数据交互、配置文件、API 的响应和请求等场景。

五、参考资料

Vue 框架使用 Https://cn.vuejs.org/guide/quick-start.html#using-vue-from-cdn

任务 2　后台问题 API

后台问题 API

一、基本信息（见表 9.2.1）

表 9.2.1　基本信息

工单编号	01-16	工单名称	后台问题 API	
建议学时	2	所属任务	Springboot 项目	
环境要求		Win 10 环境、具备 MySQL 开发环境、Navicat 工具等		

二、工单介绍

（1）前端请求数据库构建 JSON 数据；

（2）后台问题页面 API；

（3）注销功能。

三、工单目标（见表 9.2.2）

表 9.2.2　工单目标

课程思政	思政元素	1. 通过国内外行业软件比对，培养学生实事求是的态度； 2. 通过日常卫生打扫，培养学生职业素养
课程目标	能力目标	1. 通过小组协作互助，培养良好的团队合作能力； 2. 通过软件安装，培养良好的动手操作能力
	技术目标	能够根据工单要求，完成相应环境搭建
	知识目标	1. 掌握自建数据的概念； 2. 掌握后台 API 的构建方法； 3. 掌握注销功能的原理

四、执行步骤

（一）前端请求数据库构建 JSON 数据

上一章节提到通过自建数据完成问题页面数据的构建,但是这对于数据读取而言,界面依旧缺乏互动性和灵活性。数据来源于数据库,通过 vue 框架 Axios 请求完成。代码如下, 如图 9.2.1 所示。

```
var v = new Vue({
    el: '#questions',
    data: {
        infos: []
    },
    methods: {},
    beforeCreate:function(){
        //数据的验证
        if (layui.sessionData('user').user == null) {
            window.location = './login.html';
        }
    },
    created: function () {
        //获取题型,并渲染
        axios({
                //请求方式
                method: "POST",
                //请求 api 地址
                url: 'http://localhost:8888/question/findall',
                headers: {
                    'Content-Type':'application/json;charset=
UTF-8', //指定消息格式
                }
        }).then((res) => {
                //请求数据赋予原始数据头
                v.infos = res.data.data;
        }).catch((err) => {
                layer.msg('网络问题,请联系管理员',{icon:5,time:
1000});
```

```
        });
    },
    updated: function () {
        //渲染问题
        form.render();
    }
})
```

```
var v = new Vue({
    el: '#questions',①  使用数据索引
    data: {
        infos: []  ②  预留数据源，作为最后数据存储器
    },
    methods: {},
    beforeCreate: function(){  ③  vue框架生命周期页面构建前
        //数据的验证
        if (layui.sessionData('user').user == null) {
            window.location = './login.html';
        }
    },
    created: function () {  ④  vue生命周期构建
        //获取题型，并渲染
        axios({  ⑤  Axios请求
            //请求方式
            method: "POST",
            //请求api地址
            url: 'http://localhost:8888/question/findall',
            headers: {
                'Content-Type': 'application/json;charset=UTF-8',  //指定
            }
        }).then((res) => {
            //请求数据赋予原始数据头
            v.infos = res.data.data;  ⑥  请求api请求，返回数据赋予数据存储器
        }).catch((err) => {
            layer.msg('网络问题，请联系管理员', {icon: 5, time: 1000});
        });
    },
    updated: function () {
        //渲染问题
        form.render();  ⑦  vue生命周期数据变化，重新渲染
    }
})
```

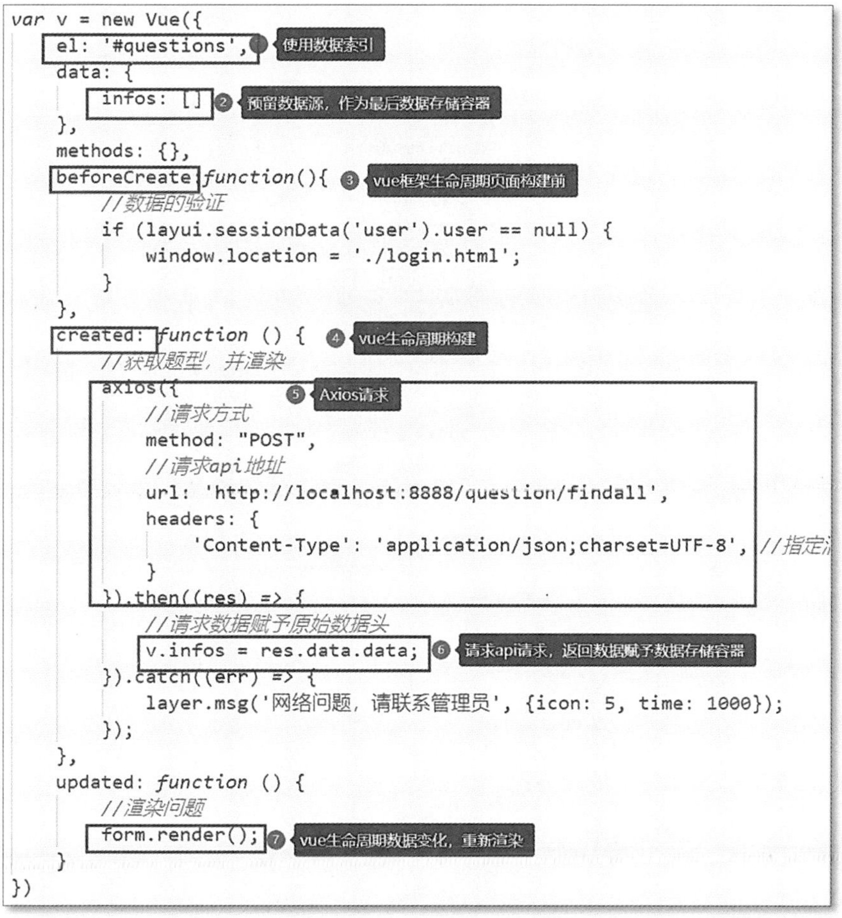

图 9.2.1　问题页面请求

　　从图 9.2.1 中不难看出频繁出现"vue 生命周期"的字样，一个框架对于解析代码有不同的方式，所以有着不同的生命周期，例如：beforeCreate 生命周期是在 vue 页面生成之前需要做的验证方法；Created 生命周期则是对页面构建时的计算。

　　图 9.2.1 中的第 6 点代码片段如下所示，其通过 Axios 请求成功后返回数据库数据，存储于预留 infos 数据容器中，作为后续数据更新、页面的重新渲染。

```
v.infos = res.data.data;
```

（二）后台问题页面 API

1. 构建后台问题 API

上一章节完成了前端问题请求页面，下面根据请求地址构建请求 API，创建 QuestionsController.java 控制器，如图 9.2.2 所示。

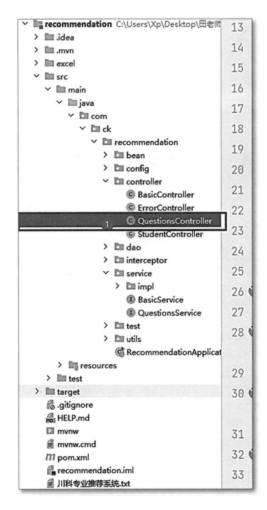

图 9.2.2　创建问题页面控制器

要完成控制器的创建，首先要解决跨域问题，这在前述后端登录界面的相关章节中已经详细讲解，以下 QuestionsController.java 页面根据前面的章节做一个简单的配置。

```
@CrossOrigin(origins = "*", maxAge = 3600)//配置跨域请求
@RestController
@RequestMapping(value = "/question",method = RequestMethod.POST)
//接收post请求
```

配置完跨域请求后，Axios 才能通过设定的 IP 访问并读取数据。继续查询数据库的数据，并将查询所得数据返回赋值，代码片段如下，如图 9.2.3 所示。

```java
public class QuestionsController {
    @Autowired
    QuestionsServiceImpl questionsService;
    @PostMapping("/findall")
    public Result findQuestionsAll() {
        try {
            //查询所有问题数据
            List<Questions> list = questionsService.findQuestionsAll();
            //返回问题数据
            return ResultUtil.success(list);
        } catch (Exception e) {
            e.printStackTrace();
            return ResultUtil.error(1, "请联系管理员");
        }
    }
}
```

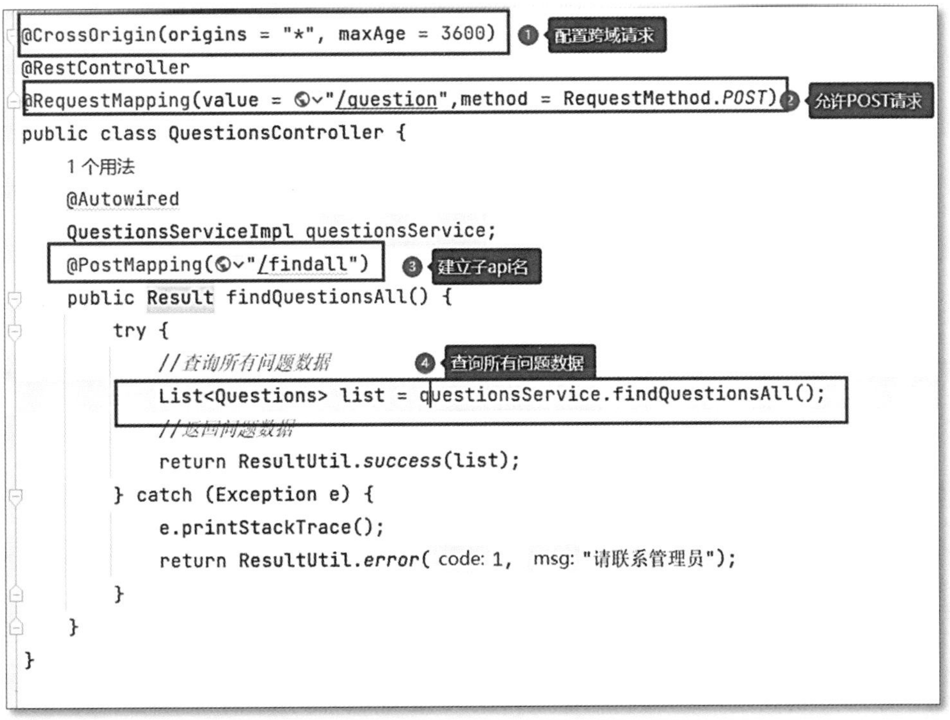

图 9.2.3　后端 API

至此，后台页面创建完毕，前端可以通过请求后端得到数据库中问题数据的题目，展现到前端，如图 9.2.4 所示。

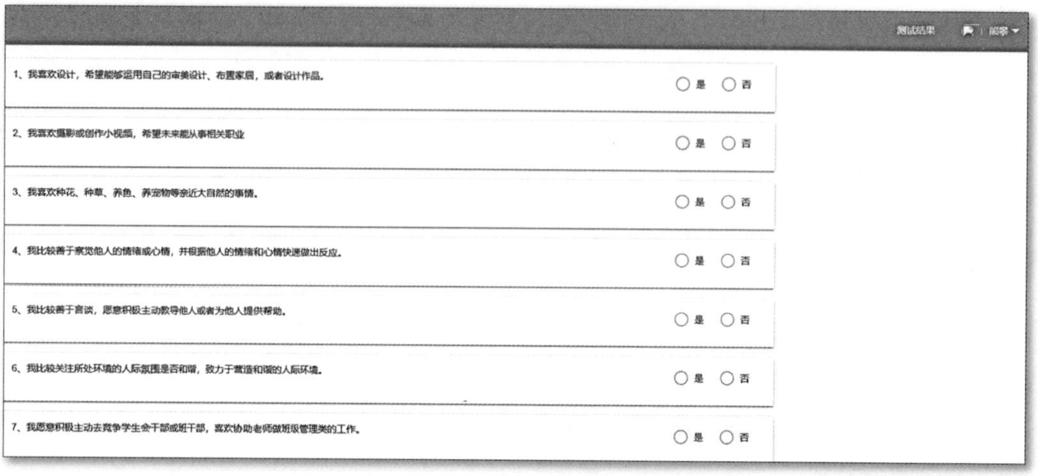

图 9.2.4　问题页面

（三）注销功能

1. 前端注销请求

经过前面章节的操作,已经可以通过登录进入问题页面,但作为一个完整的系统,应该具备注册、登录以及注销功能。前面的任务已经构建好了注销按钮，触发注销按钮即可完成注销按钮的功能。前端启动代码如下，如图 9.2.5 所示。

```
.....
axios({
    method: "POST",
    url: 'http://localhost:8888/question/answers',
    data: myObjs,
    headers: {
        'Content-Type': 'application/json;charset= UTF-8', //指定
消息格式
    }
}).then((res) => {
    // console.log(res.data.data)
    layui.sessionData('percent', {
        key: 'percent'
        , value: res.data.data
    });
    window.location = './result.html';
```

```
      // layer.msg(res.data, {icon: 5, time: 1000});

}).catch((err) => {
      console.log(err)
      layer.msg('网络问题，请联系管理员', {icon: 5, time: 1000});
});

......
```

```
layui.use(['element', 'form', 'layer'], function () {
    var element = layui.element;
    layer = layui.layer;
    form = layui.form;
    form.render();
    //监听提交
    form.on('submit(demo1)', function (data) {
        // console.log(JSON.stringify(data.field))
        var myObjs = []
        for (x in data.field) {
            var myObj = {};
            myObj.id = x + "";
            myObj.result = data.field[x + ""]
            myObjs.push(myObj)
        }
        if (myObjs.length < v.infos.length) {
            layer.msg('请完成所有题', {icon: 5, time: 1000});
            return false;
        }
        axios({
            method: "POST",
            url: 'http://localhost:8888/question/answers',   ❶ ◀ 请求注销api
            data: myObjs,
            headers: {
                'Content-Type': 'application/json;charset=UTF-8', //指定消息格式
            }
        }).then((res) => {
            // console.log(res.data.data)
            layui.sessionData('percent', {
                key: 'percent'
                , value: res.data.data
            });
            window.location = './result.html';   ❷ ◀ 请求返回登录页面
            // layer.msg(res.data, {icon: 5, time: 1000});

        }).catch((err) => {
            console.log(err)
            layer.msg('网络问题，请联系管理员', {icon: 5, time: 1000});
        });
        return false;
    });
});
```

图 9.2.5 问题页面请求

2. 注销请求 API

前端页面通过 Axios 发出注销请求，后端 Springboot 项目接收到请求后进行注销处理。代码如下，如图 9.2.6 所示。

```
 .....
@PostMapping("/logout")
public Result logout(HttpServletRequest request) {
    request.getSession().setAttribute("student", null);
    return ResultUtil.success("注销成功");
}
```

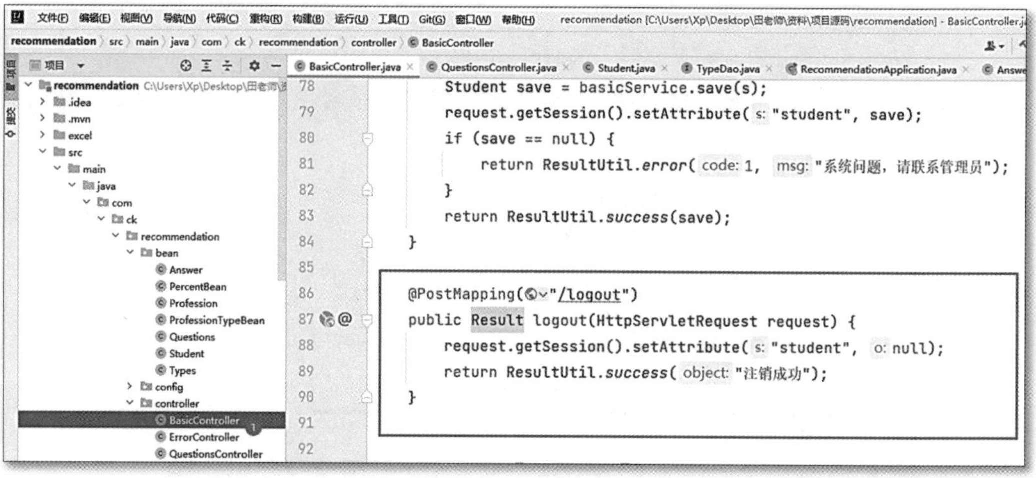

图 9.2.6 注销 API（有截图）

📑 知识点

vue 的生命周期

Vue.js 是一个流行的前端框架，它采用了组件化的开发模式。在 Vue 组件的生命周期中，有几个重要的阶段，每个阶段都有相应的钩子函数可以在特定时机执行代码。下面是 Vue 组件的生命周期阶段及其对应的钩子函数。

● 创建阶段（Creation Phase）

beforeCreate：在实例初始化之后，数据观测（data observation）和事件配置（event/watcher setup）之前调用。

created：在实例创建完成后调用，此时实例已经完成数据观测、属性和方法的运算，但 DOM 还未生成，无法访问 DOM。

- 挂载阶段（Mounting Phase）

beforeMount：在挂载开始之前被调用，在这个阶段，模板编译已完成，但是还未将编译结果替换挂载的 DOM 节点。

mounted：在挂载完成后调用，此时组件已经被挂载到 DOM 中，可以访问到挂载的 DOM 元素。

- 更新阶段（Updating Phase）

beforeUpdate：在数据更新时调用，发生在虚拟 DOM 重新渲染和打补丁之前，可以在这个钩子中进行状态的更改操作。

updated：在数据更新完成时调用，虚拟 DOM 重新渲染和打补丁完成，组件更新完毕，此时可以执行依赖于 DOM 的操作。

- 卸载阶段（Unmounting Phase）

beforeUnmount：在组件卸载之前调用，可以在这个钩子中进行一些清理工作。

unmounted：在组件卸载完成后调用，此时组件已经从 DOM 中移除。

- 销毁阶段（Deletion Phase）

beforeDestroy：在实例销毁之前调用，实例仍然完全可用。

destroyed：在实例销毁后调用，此时组件的所有指令已经解绑，所有的事件监听器已经被移除，子实例也会被销毁。

这些生命周期钩子函数提供了在不同阶段执行代码的能力，使开发者能够控制组件的行为，进行必要的初始化、清理和状态更新操作。

任务 1　问题页面验证跳转

问题页面验证跳转

一、基本信息（见表 10.1.1）

表 10.1.1　基本信息

工单编号	01-17	工单名称	问题页面验证跳转
建议学时	2	所属任务	前端页面项目
环境要求			Win 10 环境、具备 MySQL 开发环境、Navicat 工具等

二、工单介绍

问题页面验证跳转。

三、工单目标（见表 10.1.2）

表 10.1.2　工单目标

课程思政	思政元素	1. 通过国内外行业软件比对，培养学生实事求是的态度； 2. 通过日常卫生打扫，培养学生职业素养
课程目标	能力目标	1. 通过小组协作互助，培养良好的团队合作能力； 2. 通过软件安装，培养良好的动手操作能力
	技术目标	能够根据工单要求，完成相应环境搭建
	知识目标	掌握验证跳转方法

四、执行步骤

1. 问题页面验证条件

问题页面跳转通过数据读取方式完成，另外还需要验证问题的回答拦截条件。所以用户必须完成所有问题的回答，否则平台无法分析出适合用户的结果。平台需要对问题的回答情况进行判定，在 questions.html 中代码片段如下，如图 10.1.1 所示。

```
<script>
    var form;
    var layer;
    layui.use(['element', 'form', 'layer'], function () {
        var element = layui.element;
        layer = layui.layer;
        form = layui.form;
        form.render();
        //监听提交
        form.on('submit(demo1)', function (data) {
            // console.log(JSON.stringify(data.field))
            var myObjs = []
            for (x in data.field) {
                var myObj = {};
                myObj.id = x + "";
                myObj.result = data.field[x + ""]
                myObjs.push(myObj)
            }
            if (myObjs.length < v.infos.length) {
                layer.msg('请完成所有题', {icon: 5, time: 1000});
                return false;
            }
            axios({
                method: "POST",
                url: 'http://localhost:8888/question/answers',
                data: myObjs,
                headers: {
                    'Content-Type': 'application/json;charset=
UTF-8', //指定消息格式
                }
            }).then((res) => {
                // console.log(res.data.data)
                layui.sessionData('percent', {
                    key: 'percent'
                    , value: res.data.data
                });
                window.location = './result.html';
                // layer.msg(res.data, {icon: 5, time: 1000});
            }).catch((err) => {
                console.log(err)
                layer.msg('网络问题，请联系管理员', {icon: 5, time:
1000});
```

```
        });
            return false;
        });
    });
</script>
```

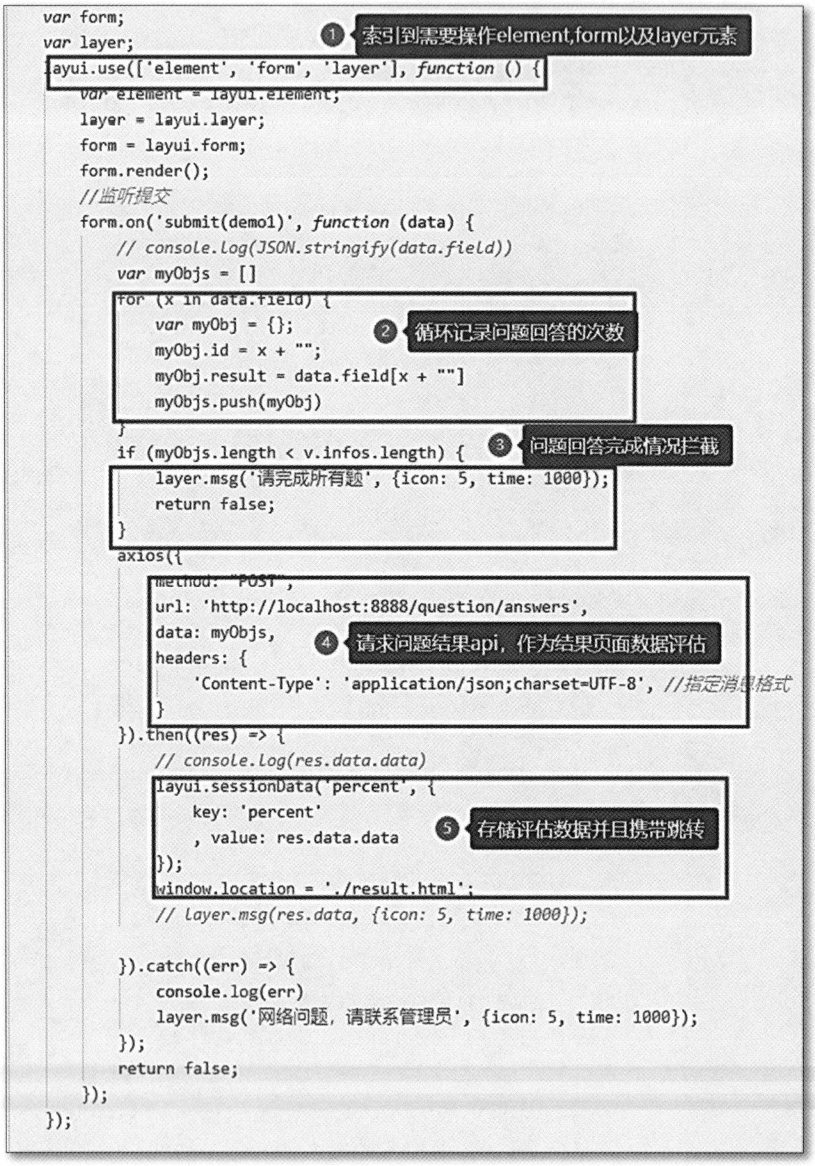

```
var form;
var layer;                                    ① 索引到需要操作element,form以及layer元素
layui.use(['element', 'form', 'layer'], function () {
    var element = layui.element;
    layer = layui.layer;
    form = layui.form;
    form.render();
    //监听提交
    form.on('submit(demo1)', function (data) {
        // console.log(JSON.stringify(data.field))
        var myObjs = []
        for (x in data.field) {
            var myObj = {};                   ② 循环记录问题回答的次数
            myObj.id = x + "";
            myObj.result = data.field[x + ""]
            myObjs.push(myObj)
        }
        if (myObjs.length < v.infos.length) { ③ 问题回答完成情况拦截
            layer.msg('请完成所有题', {icon: 5, time: 1000});
            return false;
        }
        axios({
            method: "POST",
            url: 'http://localhost:8888/question/answers',
            data: myObjs,                     ④ 请求问题结果api，作为结果页面数据评估
            headers: {
                'Content-Type': 'application/json;charset=UTF-8', //指定消息格式
            }
        }).then((res) => {
            // console.log(res.data.data)
            layui.sessionData('percent', {
                key: 'percent'
                , value: res.data.data        ⑤ 存储评估数据并且携带跳转
            });
            window.location = './result.html';
            // layer.msg(res.data, {icon: 5, time: 1000});

        }).catch((err) => {
            console.log(err)
            layer.msg('网络问题，请联系管理员', {icon: 5, time: 1000});
        });
        return false;
    });
});
```

图 10.1.1　问题页面跳转

至此，完成了对于问题回答的限制设置，必须完成所有题目的回答，否则无法提交至平台进行下一步评估。

2. 问题页面数据评估及跳转

通过 Axios 请求，将循环获得的问题回答数据 myObjs 传输至后端，后端 API 进行数据分析并得出结果，进而进行携参跳转。其中请求问题页面 API 代码如下。

```
......
@PostMapping("/answers")
@ResponseBody
public Result submitAnswers(@RequestBody List<Answer> list) {
    int A = 0;
    int S = 0;
    int R = 0;
    int I = 0;
    int C = 0;
    int E = 0;
    for (Answer ans : list) {
        String id = ans.getId();
        String type = questionsService.findTypeById(id);
        if (StringUtils.equals("0", ans.getResult())) {
            switch (type) {
                case "A":
                    A++;
                    break;
                case "S":
                    S++;
                    break;
                case "E":
                    E++;
                    break;
                case "C":
                    C++;
                    break;
                case "R":
                    R++;
                    break;
                case "I":
                    I++;
                    break;
            }
        }
    }
```

```
    //百分比对象
    PercentBean percentBean = new PercentBean(A, R, S, I, E, C);
    //获取两个最高类型的选项
    List<String> highTypes = percentBean.compareType();
    //最高类型信息
    List<Types> typeInfo = questionsService.findTypeByType(highTypes);
    //专业信息2个全信息
    List<ProfessionTypeBean> professionTypeBeanList = questionsService.
findTypeInfo(highTypes);
    percentBean.setTypeInfo(typeInfo);
    percentBean.setProfessionTypeBeanList(professionTypeBeanList);
    return ResultUtil.success(percentBean);
}
......
```

代码放置于 QuestionsController.java 中，前面已经配置了跨域问题，这里不再重复配置。如图 10.1.2 所示。

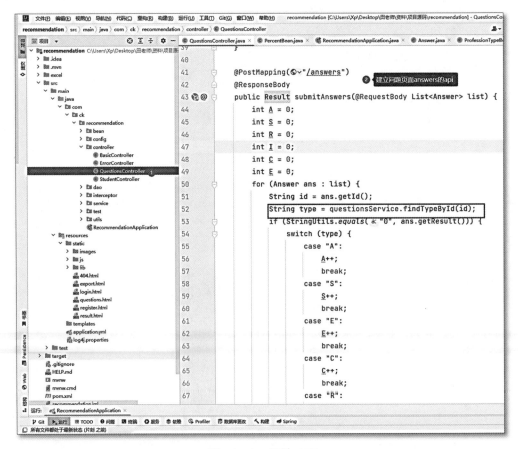

图 10.1.2 评估 API

任务 2　分析页面修改

分析页面修改

一、基本信息（见表 10.2.1）

表 10.2.1　基本信息

工单编号	01-18	工单名称	分析页面修改
建议学时	2	所属任务	Springboot 项目
环境要求		Win 10 环境、具备 MySQL 开发环境、Navicat 工具等	

二、工单介绍

前端分析页面的动态修改。

三、工单目标（见表 10.2.2）

表 10.2.2　工单目标

课程思政	思政元素	1. 通过国内外行业软件比对，培养学生实事求是的态度； 2. 通过日常卫生打扫，培养学生职业素养
课程目标	能力目标	1. 通过小组协作互助，培养良好的团队合作能力； 2. 通过软件安装，培养良好的动手操作能力
	技术目标	能够根据工单要求，完成相应环境搭建
	知识目标	掌握 vue 呈现数据的方法

四、执行步骤

（一）前端页面的动态修改

问题页面完成数据的收集以及计算处理后携数据进行跳转，在分析页面进行数据的分析处理。以前章节讲解到，result.html 展示了 ECharts 图形分析以及测试结果，但是该数据是设定下的固定数据，并未达到根据收集到的问题页面数据进行分析。为此需要在 result.html 的分析页面进行数据分析修改。

1. 建立数据容器

数据来源于问题页面，作为结果分析页面，还需要建立一个空数据容器作为传输数据的空间，以备后续使用，代码如下，如图 10.2.1 所示。

```
<script>
    var v = new Vue({
        el: "#nav_top",
```

```
        data: {
            percent: layui.sessionData('percent').percent,
            typeInfos: [],
            user: layui.sessionData('user').user,
        },
    })
</script>
```

图 10.2.1　常见数据容器

2. Echarts 动态表示

数据容器已经建立完成，解析通过 sessionData 函数带过来的值，并对其解析的数据进行图标展示，代码如下，如图 10.2.2、图 10.2.3 所示。

```
    <script>
......
layui.use(['element', 'form', 'table'], function() {
        var element = layui.element
        var form = layui.form
        var table = layui.table
        v.typeInfos = layui.sessionData('percent').percent.
typeInfo
        //数据加载层
        //展示已知数据
        table.render({
            elem: '#table_profession',
            cols: [
                [ //标题栏
                    {
                        field: 'title',
                        title: '类型',
                        width: "40%"
                    }, {
                        field: 'professional',
```

```
                            title: '专业类',
                            width: "30%"
                    }, {
                            field: 'name',
                            title: '推荐专业',
                            width: "60%"
                    }
                ]
        ],
        data: v.percent.professionTypeBeanList,
        even: true,
        page: { //支持传入 laypage 组件的所有参数（某些参数
除外，如：jump/elem）- 详见文档
            layout: ['prev', 'page', 'next', 'count'] //
自定义分页布局
                //,curr: 5 //设定初始在第 5 页
                ,
            groups: 4 //只显示 1 个连续页码
                ,
            first: false //不显示首页
                ,
            last: false //不显示尾页
        }
    });
})
var maxNum = 3;
// 基于准备好的 dom，初始化 echarts 实例
var myChart = echarts.init(document.getElementById
('echart_main'));
// 指定图表的配置项和数据
option = {
    title: {
        text: '雷达图'
    },
    tooltip: {
        trigger: 'axis'
    },
    legend: {
        data: ['能力值'],
        x: 'right'
    },
```

```
            radar: [{
                indicator: [{
                        text: '技术型(R)',
                        max: maxNum
                    },
                    {
                        text: '研究型(I)',
                        max: maxNum
                    },
                    {
                        text: '常规型(C)',
                        max: maxNum
                    },
                    {
                        text: '管理型(E)',
                        max: maxNum
                    },
                    {
                        text: '艺术型(A)',
                        max: maxNum
                    },
                    {
                        text: '社会型(S)',
                        max: maxNum
                    }
                ],
                radius: 90,
                center: ['50%', '50%']
            }],
            series: [{
                type: 'radar',
                tooltip: {
                    trigger: 'item'
                },
                areaStyle: {},
                data: [{
                    value: [v.percent.r, v.percent.i, v.percent.c,
v.percent.e, v.percent.a, v.percent.s
                    ],
                    name: '能力值'
                }]
```

```
            }]
        };
        // 使用刚指定的配置项和数据显示图表。
        myChart.setOption(option);
        window.addEventListener("resize", () => {
            this.myChart.resize();
        });
    <script>
```

```
layui.use(['element', 'form', 'table'], function() {
    var element = layui.element
    var form = layui.form
    var table = layui.table        ❶ 数据解析至空数据容器
    v.typeInfos = layui.sessionData('percent').percent.typeInfo
    //数据加载层
    //展示已知数据
    table.render({
        elem: '#table_profession',
        cols: [
            [ //标题栏
                {
                    field: 'title',
                    title: '类型',
                    width: "40%"
                }, {                        ❷ 表格数据标题
                    field: 'professional',
                    title: '专业类',
                    width: "30%"
                }, {
                    field: 'name',
                    title: '推荐专业',
                    width: "60%"
                }
            ]
        ],
        data: v.percent.professionTypeBeanList,
        even: true,
        page: { //支持传入 laypage 组件的所有参数（某些参数除外，如: jump/elem）      详见文档
            layout: ['prev', 'page', 'next', 'count'] //自定义分页布局
                //,curr: 5 //设定初始在第 5 页
                ,
            groups: 4 //只显示 1 个连续页码
                ,                        ❸ 页码功能
            first: false //不显示首页
                ,
            last: false //不显示尾页
        }
    });
})
```

图 10.2.2　数据图表代码

```
var maxNum = 3;
// 基于准备好的dom，初始化echarts实例
var myChart = echarts.init(document.getElementById('echart_main'));
// 指定图表的配置项和数据
option = {
    title: {
        text: '雷达图'
    },
    tooltip: {                          ❶ 图表信息
        trigger: 'axis'
    },
    legend: {
        data: ['能力值'],
        x: 'right'
    },
    radar: [{
        indicator: [{
            text: '技术型(R)',
            max: maxNum
        },
        {
            text: '研究型(I)',
            max: maxNum
        },
        {
            text: '常规型(C)',             ❷ 雷达图比较坐标值
            max: maxNum
        },
        {
            text: '管理型(E)',
            max: maxNum
        },
        {
            text: '艺术型(A)',
            max: maxNum
        },
        {
            text: '社会型(S)',
            max: maxNum
        }
        ],
        radius: 90,
        center: ['50%', '50%']
    }],
    series: [{
        type: 'radar',
        tooltip: {
            trigger: 'item'
        },
        areaStyle: {},
        data: [{
            value: [v.percent.r, v.percent.i, v.percent.c, v.percent.e, v.percent.a, v.per
                .s                      ❸ 将赋值空容器的数据解析成json字符串
            ],
            name: '能力值'
        }]
    }]
};
// 使用刚指定的配置项和数据显示图表。
myChart.setOption(option);
window.addEventListener("resize", () => {
    this.myChart.resize();
});
```

图 10.2.3 echarts 图标展示

不管是定义数据容器，还是通过 vue 框架对数据进行处理，都需要在数据头文件中加载其配置文件，前面章节已经具体说明，如图 10.2.4 所示。

```
            <table class="layui-table" id="table_profession"></table>
        </div>
    </div>
    <script src="https://cdn.bootcdn.net/ajax/libs/vue/2.6.11/vue.min.js"></script>
    <script src="https://cdn.bootcdn.net/ajax/libs/axios/0.19.2/axios.min.js"></script>
    <script src="./lib/layui-v2.5.5/layui.js" type="text/javascript" charset="utf-8"></script>
    <script src="./js/echarts.min.js" type="text/javascript" charset="utf-8"></script>
    <script>
        var v = new Vue({
            el: "#nav_top",
```

图 10.2.4　头文件引用

3. 分析结果动态表示

前面通过数据分析得出了结果并展示出 echart 雷达图像，后续分析结果信息依旧采用 vue 框架中的 v-for 循环语句循环读取数据，再采用双括符的形式展现出来。代码片段如下，如图 10.2.5 所示。

```
            <!--分析结果-->
            <div class="layui-container layui-row" style="margin-
top: 10px">
                <fieldset class="layui-elem-field">
                    <legend style="font-size: 20px;color: #009688;
font-weight: 500">测试结果</legend>
                    <div class="layui-field-box">
                        <blockquote class="layui-elem-quote" v-for=
"item in typeInfos">
                            <p style="font-size: 16px;color: #FF5722;
font-weight: 500">{{item.title}}</p>
                            <p>{{item.characteristic}}</p>
                        </blockquote>
                        </br>
                    </div>
                </fieldset>
                <table class="layui-table" id="table_profession">
</table>
            </div>
```

```
<!--分析结果-->
<div class="layui-container layui-row" style="margin-top: 10px">
    <fieldset class="layui-elem-field">
        <legend style="font-size: 20px;color: #009688;font-weight: 500">测试结果</legend>
        <div class="layui-field-box">
            <blockquote class="layui-elem-quote" v-for="item in typeInfos">
                <p style="font-size: 16px;color: #FF5722;font-weight: 500">{{item.title}}</p>
                <p>{{item.characteristic}}</p>
            </blockquote>
            </br>
        </div>
    </fieldset>

    <table class="layui-table" id="table_profession"></table>
</div>
```

① 循环语句

② 读取数据

图 10.2.5　vue 循环读取

通过数据传输以及读取，数据得以动态地展现出来，从而实现对不同回答的分析，分析结果如图 10.2.6 所示。

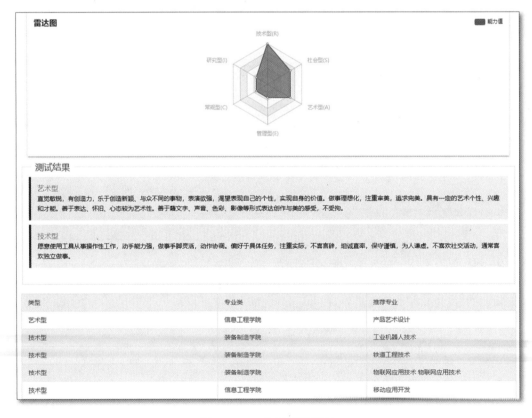

图 10.2.6　分析界面展示

任务 1　后台页面构建

后台页面构建

一、基本信息（见表 11.1.1）

表 11.1.1　基本信息

工单编号	01-19	工单名称	后台页面构建
建议学时	2	所属任务	Springboot 项目
环境要求		Win 10 环境、具备 MySQL 开发环境、Navicat 工具等	

二、工单介绍

（1）登录页面跳转判定；

（2）后台页面建立。

三、工单目标（见表 11.1.2）

表 11.1.2　工单目标

课程思政	思政元素	1. 通过国内外行业软件比对，培养学生实事求是的态度； 2. 通过日常卫生打扫，培养学生职业素养
课程目标	能力目标	1. 通过小组协作互助，培养良好的团队合作能力； 2. 通过软件安装，培养良好的动手操作能力
	技术目标	能够根据工单要求，完成相应环境搭建
	知识目标	1. 掌握登录账号判定概念； 2. 掌握全局样式配置的使用方法

四、执行步骤

（一）登录页面跳转判定

不难看出，在登录页面中，不仅有跳转问题页面的操作，还有跳转管理员界面的操作，即查看了数据库中管理员账户，如图 11.1.1 所示。

图 11.1.1　管理员账户

　　但是在使用该管理员账号后，依旧跳转到了问题回答页面，显然这不是我们想要的结果，所以需要根据前端页面的管理员判定加入相应的登录后端 API 的判定条件，代码如下，如图 11.1.2 所示。

```java
if (student.getUsername().equals("root")) {
    //管理员登录
    return ResultUtil.success(999, student);
} else {
    //用户登录
    return ResultUtil.success(student);
}
```

```java
@PostMapping(⊙∨"/login")  ❷
//登录接口api
public Result login(@RequestBody Student s, HttpServletRequest request) {
    //通过basicService的服务中通过查询Student表中学生的电话号码来查找学生信息
    Student student = basicService.findStudentByPhone(s);
    //信息不为空
    if (student == null) {
        return ResultUtil.error( code: 1,  msg: "没有该用户");
    }
    //代码行中找到的学生信息，该行代码将其保存在会话中，
    // 以便后续的请求或其他组件可以访问该学生信息。
    request.getSession().setAttribute( s: "student", student);
    //保存验证
    if (student.getPassword().equals(s.getPassword())) {
        if (student.getUsername().equals("root")) {
            管理员登录
            return ResultUtil.success( code: 999, student);
        } else {
            用户登录
            return ResultUtil.success(student);
        }
    } else {
        //密码不对
        return ResultUtil.error( code: 1,  msg: "输入的密码不正确");
    }
}
```

❸ 根据前端的判定跳转赋值999

图 11.1.2　管理员条件判定

（二）后台页面建立

首先在 HBuild X 项目中建立 expot.html，作为后台页面的管理员页面。

```
......
      <div style="text-align: right;" id="nav_top">
        <ul class="layui-nav layui-bg-blue">
          <li class="layui-nav-item">
            <a href="#"><img src="//t.cn/RCzsdCq" class=
"layui-nav-img">{{user.username}}</a>
              <dl class="layui-nav-child" style="z-index: 1000">
                <dd>
                  <a href="#">修改信息</a>
                </dd>
                <dd>
                  <a href="#">安全管理</a>
                </dd>
                <dd>
                  <a href="#" @click.prevent="logout()">退了
</a>
                </dd>
              </dl>
          </li>
        </ul>
      </div>

      <div class="layui-container" style="margin-top: 20px">
        <div class="layui-row">
          <div class="demoTable layui-row layui-col-space10">
            <div class="layui-form layui-col-md2">
              <select name="city" lay-verify="" lay-filter=
"select_val" id="select_val" >
                <option value="" style="color: red">请选
择搜索属性</option>
                <option value="username">搜索学生名</option>
                <option value="phone">搜索电话</option>
                <option value="age">搜索年龄</option>
                <option value="pro">搜索省份</option>
                <option value="city">搜索城市</option>
```

```
                    </select>
                </div>
                <div class="layui-inline">
                    <input  class="layui-input"  name="id"  id=
"demoReload" autocomplete="off" placeholder="请输入搜索内容">
                </div>
                <button  class="layui-btn  layui-btn-normal"
id="search" data-type="reload" >搜索</button>
                <button class="layui-btn layui-btn-normal" id=
"all" data-type="all" >查看所有</button>
            </div>

            <table class="layui-hide " id="stu_table"
                lay-filter="stu_table"></table>
        </div>
    </div>


    <script type="text/html" id="toolbarDemo">
        <div class="layui-btn-container">
            <button class="layui-btn layui-btn-sm layui-btn-normal"
lay-event="getCheckData">获取选中行数据</button>
            <button class="layui-btn layui-btn-sm layui-btn-normal"
lay-event="getCheckLength">获取选中数目</button>
            <button class="layui-btn layui-btn-sm layui-btn-normal"
lay-event="isAll">验证是否全选</button>
            <button class="layui-btn layui-btn-sm layui-btn-normal"
lay-event="withExport">导出所有</button>
        </div>
    </script>
......
```

上面已经展示出了前端代码，但是并未加上数据的传输和表格的动态制作，所以并未展现出理想中的模型，继续在\<script\>双标签中添加以下代码。

```
<script>
    var table, layer, form, element
    layui.use(['element', 'form', 'layer', 'table'], function () {
    element = layui.element;
    layer = layui.layer;
```

```
form = layui.form;
table = layui.table;
var seach_val="";
//监听搜索栏
form.on('select(select_val)', function(data){
    seach_val =  data.value;

});
//表格初始化
table.render({

    elem: '#stu_table'
    , id: 'stuTable'
    , toolbar: '#toolbarDemo'
    , data: v.students
    , cols: [[
      {checkbox: true, fixed: true}
      , {type: 'numbers'}
      , {field: 'username', title: '学生名'}
      , {field: 'phone', title: '电话'}
      , {field: 'age', title: '年龄'}
      , {field: 'province', title: '省份', sort: true}
      , {field: 'city', title: '城市', sort: true}
    ]]
    , defaultToolbar: ['filter', 'exports', 'print']
    , page: { //支持传入 laypage 组件的所有参数（某些参数除外,
如: jump/elem) - 详见文档
        layout: ['limit', 'count', 'prev', 'page', 'next',
'skip'] //自定义分页布局
        , curr: 5 //设定初始在第 5 页
        , groups: 3 //只显示 1 个连续页码
        , first: false //不显示首页
        , last: false //不显示尾页
        , theme: '#1E9FFF'
        , limit: 15
    },
    done: function (res, curr, count) {
      exportData = res.data;
```

```
                // console.log(exportData)
        }
    });


    //头工具栏事件
    table.on('toolbar(stu_table)', function (obj) {
        var checkStatus = table.checkStatus(obj.config.id);
        switch (obj.event) {
            case 'getCheckData':
                var data = checkStatus.data;
                layer.alert(JSON.stringify(data));
                break;
            case 'getCheckLength':
                var data = checkStatus.data;
                layer.msg('选中了: ' + data.length + ' 个');
                break;
            case 'isAll':
                layer.msg(checkStatus.isAll ? '全选' : '未全选');
                break;
            case 'withExport':
                //询问框
                layer.confirm('是否将所有信息导出成excel?', {
                    btn: ['确定', '取消'] //按钮
                }, function () {
                    table.exportFile("stuTable",v.students,'xls');
                    //获取题型，并渲染
                    axios({
                        method: "POST",
                        url: '/basic/email'
                    }).then((res) => {
                        // layer.msg("邮件发送成功",{icon:1,
time:1500})
                    }).catch((err) => {
                        console.log(err)
                        // layer.msg('网络问题,请联系管理员',{icon:
5, time: 1000});
                    });
                    layer.closeAll();
```

```
        }, function () {
            layer.closeAll();
        });
        break;
    }
    ;
});
//查看所有
layui.jquery("#all").click(function () {
    //执行重载
    table.reload('stuTable', {
        page: {
            curr: 1 //重新从第 1 页开始
        }
        , data:v.students
    });
})
//搜索按钮
layui.jquery("#search").click(function () {
    console.log(seach_val);
    if ( seach_val=== "") {
        layer.msg("请选择搜索属性")
        return false;
    }
    //获取 input 里面的值
    const condition = layui.jquery("#demoReload"). val();
    if (condition === "") {
        layer.msg("请输入搜索内容")
        return false;
    }

    switch (seach_val) {
        case "username":
            stu =  v.students.filter(item => item.username ==
condition)
            break;
        case "age":
```

```
                    stu =  v.students.filter(item => item.age ==
condition)
            break;
        case "phone":
            stu =  v.students.filter(item => item.phone ==
condition)
            break;
        case "province":
            stu =  v.students.filter(item => item.province ==
condition)
            break;
        case "city":
            stu =  v.students.filter(item => item.city ==
condition
            break;
        }

        //执行重载
        table.reload('stuTable', {
            page: {
                curr: 1 //重新从第 1 页开始
            }
            , data:stu
        });
    });

    });

    new Vue({
        el: "#nav_top",
        data: {
            user: layui.sessionData('user').user
        },
        methods: {
            logout() {
            layui.sessionData('user', null); //删除 user
```

```
                //调用 logout 接口
                axios({
                    method: "POST",
                    url: 'http://127.0.0.1:8888/basic/logout',
                    headers: {
                        'Content-Type':'application/json; charset=
UTF-8', //指定消息格式
                    }
                }).then((res) => {
                }).catch((err) => {
                    // layer.msg('网络问题，请联系管理员', {icon: 5,
time: 1000});
                });
                    window.location="./login.html"
            }
        },
        beforeCreate:function(){
        }
    });
    var v = new Vue({
        el: '#questions',
        data: {
            students: [],
            infos: {}
        },
        methods: {},
        created: function () {
            //获取题型，并渲染
            axios({
                method: "POST",
                url: 'http://127.0.0.1:8888/stu/findstudents',
                headers: {
                    'Content-Type':'application/json;charset=  UTF-8',
//指定消息格式
                }
            }).then((res) => {
```

```
            v.students = res.data.data;
        }).catch((err) => {
            console.log(err)
            layer.msg('网络问题，请联系管理员', {icon: 5, time:
1000});
        });
    }
})
```

```
</script>
```

代码注释里已经对其功能做了简单的解释，这里不一一解释。这段代码的主要目的是使后端页面动态地表现出来。对于前端的判定条件，添加了对管理员的判定。当前端账户登录时，如果出现了管理员 root 账户，就会发生赋值改变，从而跳转到后台页面，如图 11.1.3 所示。

图 11.1.3　管理员界面

任务 2　后台接口 API

后台接口 API

一、基本信息（见表 11.2.1）

表 11.2.1　基本信息

工单编号	01-20	工单名称	后台接口 API
建议学时	2	所属任务	Springboot 项目
环境要求		Win 10 环境、具备 MySQL 开发环境、Navicat 工具等	

二、工单介绍

后台页面查询人员 API。

三、工单目标（见表 11.2.2）

表 11.2.2　工单目标

课程思政	思政元素	1. 通过国内外行业软件比对，培养学生实事求是的态度； 2. 通过日常卫生打扫，培养学生职业素养
课程目标	能力目标	1. 通过小组协作互助，培养良好的团队合作能力； 2. 通过软件安装，培养良好的动手操作能力
	技术目标	能够根据工单要求，完成相应环境搭建
	知识目标	1. 掌握项目组成的基本概念； 2. 掌握全局样式配置的使用方法； 3. 掌握项目搭配浏览器调试的过程与方法

四、执行步骤

虽然后台页面的前端页面已构建完成，但是通过管理员的账号登录后并未有数据的展现，在网页端通过控制器查看网络方式查看到请求报错失败，如图 11.2.1 所示。

图 11.2.1　管理员界面报错处理

显然这个后端的请求并未进行编写，所以需要继续编写查询数据的请求 API。在 Springboot 项目中建立 StudentController.java 控制器，如图 11.2.2 所示。

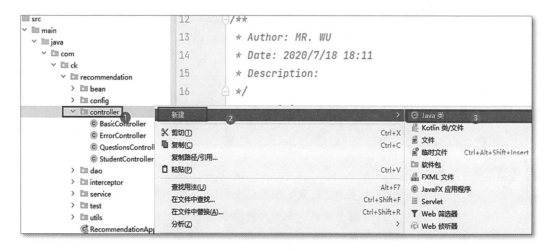

图 11.2.2　新建后台控制类

写入基础配置项目并配置跨域问题，写入查询用户数据代码，代码如下，如图 11.2.3 所示。

```java
@CrossOrigin
@RestController
@RequestMapping("/stu")
public class StudentController {

    @Autowired
    BasicServiceImpl basicService;

    @PostMapping("/findstudents")
    public Result findStudentAll() {
        List<Student> list = basicService.findStudentAll();
        return ResultUtil.success(list);

    }

}
```

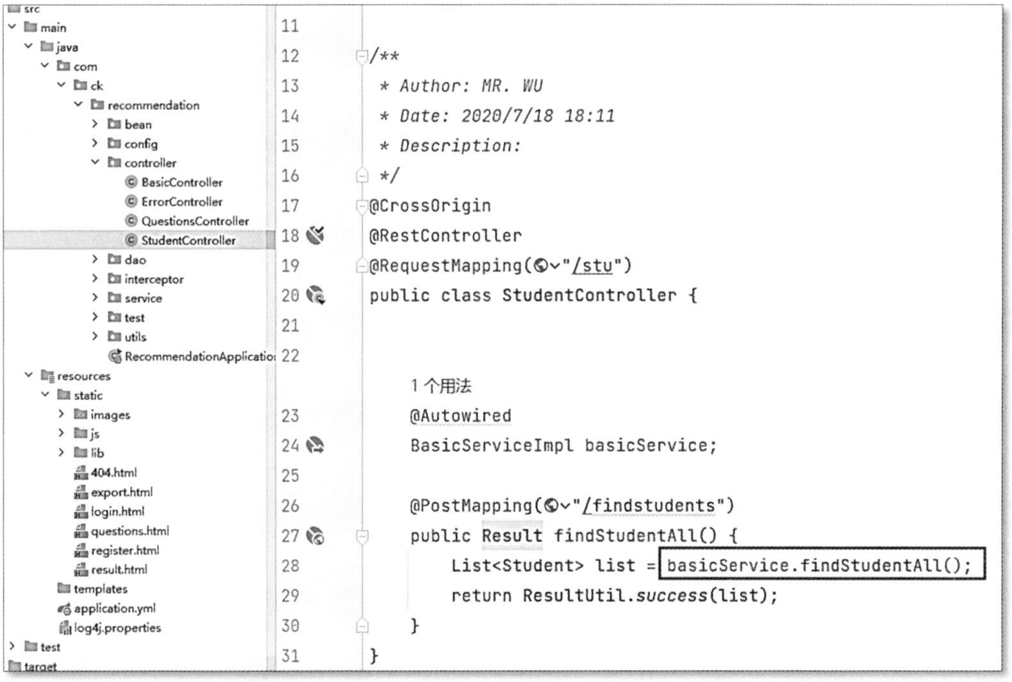

```
11
12   /**
13    * Author: MR. WU
14    * Date: 2020/7/18 18:11
15    * Description:
16    */
17   @CrossOrigin
18   @RestController
19   @RequestMapping("/stu")
20   public class StudentController {
21
22
         1 个用法
23       @Autowired
24       BasicServiceImpl basicService;
25
26       @PostMapping("/findstudents")
27       public Result findStudentAll() {
28           List<Student> list = basicService.findStudentAll();
29           return ResultUtil.success(list);
30       }
31   }
```

图 11.2.3　查询数据控制类

至此，后端查询代码已经全部完成。重新登录界面，登录管理员账号密码，可以看到所有信息都有展示，如图 11.2.4 所示。

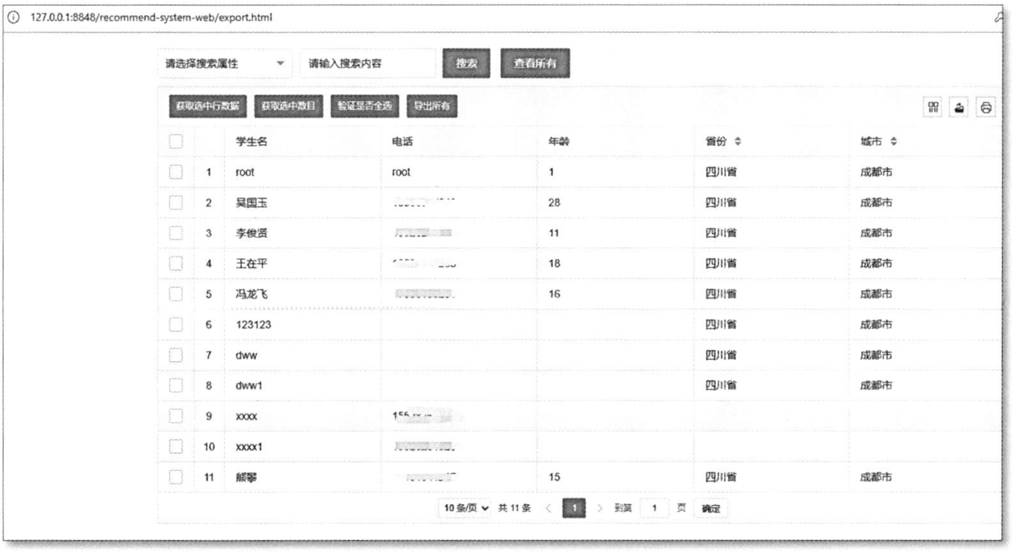

图 11.2.4　后台管理界面展示

参考文献

[1] 贾振华，庄连英. Java 编程从入门到实战. 北京：水利电力出版社，2022.

[2] （美）凯·S.霍斯特曼. Java 核心技术（第 12 版）. 北京：机械工业出版社，2023.

[3] 刘云玉，原晋鹏. Java EE 开发教程. 成都：西南交通大学出版社，2019.